有色冶金副产石膏资源化利用

朱北平　张国华　谭艳霞　著

北　京

冶 金 工 业 出 版 社

2024

内 容 简 介

本书介绍了石膏资源、工业副产石膏的种类及特点、工业副产石膏综合利用现状、相关政策法规及标准规范、有色金属冶炼行业副产石膏的贮存利用现状及综合利用途径、我国固体废物资源化综合利用领域新进展等内容。

本书可供工业副产石膏综合利用行业的从业人员和科研院所从事工业副产石膏综合利用相关研究的工作人员阅读参考。

图书在版编目（CIP）数据

有色冶金副产石膏资源化利用/朱北平，张国华，谭艳霞著 . —北京：冶金工业出版社，2024.7

ISBN 978-7-5024-9880-1

Ⅰ.①有… Ⅱ.①朱… ②张… ③谭… Ⅲ.①有色金属冶金—副产品—石膏—废物综合利用—研究 Ⅳ.①TF80

中国国家版本馆 CIP 数据核字（2024）第 106066 号

有色冶金副产石膏资源化利用

出版发行 冶金工业出版社		**电　话**	（010）64027926
地　　址 北京市东城区嵩祝院北巷 39 号		**邮　编**	100009
网　　址 www. mip1953. com		**电子信箱**	service@ mip1953. com

责任编辑　杨盈园　美术编辑　彭子赫　版式设计　郑小利
责任校对　李欣雨　责任印制　禹　蕊
北京建宏印刷有限公司印刷
2024 年 7 月第 1 版，2024 年 7 月第 1 次印刷
710mm×1000mm　1/16；8.25 印张；141 千字；122 页
定价 68.00 元

投稿电话　（010）64027932　投稿信箱　tougao@cnmip. com. cn
营销中心电话　（010）64044283
冶金工业出版社天猫旗舰店　yjgycbs. tmall. com
（本书如有印装质量问题，本社营销中心负责退换）

前　　言

　　"十四五"时期，我国生态文明建设进入了以降碳为重点战略方向、推动减污降碳协同增效、促进经济社会发展全面绿色转型、实现生态环境质量改善由量变到质变的关键时期。党的二十大报告明确提出，要实施全面节约战略，推进各类资源节约集约利用，加快构建废弃物循环利用体系；要加快发展方式绿色转型、深入推进环境污染治理、积极稳妥推进碳达峰碳中和；人与自然和谐共生是中国式现代化的重要特征和本质要求之一。实现碳达峰碳中和目标，实现我国社会高质量发展，大宗固体废物资源综合利用作为绿色低碳发展的核心领域将承载新的使命。

　　目前，我国工业副产石膏综合利用率仅为38%。其中，脱硫石膏综合利用率约为56%，磷石膏综合利用率约为20%，其他副产石膏综合利用率约为40%。截至目前，工业副产石膏累计堆存量已超过3亿吨，其中，脱硫石膏5000万吨以上，磷石膏2亿吨以上。工业副产石膏大量堆存，既占用土地，又浪费资源，含有的酸性及其他有害物质容易对周边环境造成污染，已经成为制约我国化工、冶金和燃煤发电企业可持续发展的重大因素。

　　我国工业副产石膏研究起步较晚，系统研究开发石膏建筑材料始于20世纪70年代初。进入21世纪后，石膏建筑材料行业发展较快，特别是在2018年后，工业副产石膏作为建材发展开始突飞猛进，目前，石膏行业超过80%的原料是工业副产石膏，但总体而言，工业副产石膏成分复杂，在利用过程中还存在一些问题。

　　为进一步推动工业副产石膏在各领域中的资源化利用，应通过科技创新和工艺革新，提升工业副产石膏的稳定性和安全性，消除对这类材料"不敢用、不会用、不能用"的顾虑，寻求低能耗利用的途径。还应加强市场调研，做好基础研究，从产品工业设计、设备选型、生产控制和性能优化等方面入手，提高产品质量，规范产品质量控制，拓宽产品应用场景。

　　工业副产石膏资源化利用、综合利用在节约和替代原生资源，有效减少碳排放等方面具有显著的协同效应，符合国家环境保护及循环经济产业政策总体方向。但由于受技术、标准、政策、地域、市场、成本等因素影响，特别是工业副产石膏资源化利用项目往往需要多学科交叉、多行业协同配合，故此类项目的推进需要政府、行业、企业和市场多方协调并共同发力。

　　本书旨在从国家经济及产业发展的战略入手，分析工业副产石膏综合利用行业发展和技术创新方面走向，探讨工业副产石膏，尤其是有色冶金工业副产石膏综合利用的潜力和前景，助力化学工业、有色冶金等行业及工业副产石膏综合利用产业高质量发展。本书从石膏资源、工业副产石膏的种类及特点、工业副产石膏综合利用现状、相关政策法规及标准规范、有色金属冶炼行业副产石膏的贮存利用现状及综合利用途径、我国固体废物资源化综合利用领域新进展等角度，系统、客观地对我国工业副产石膏综合利用现状及前景进行了梳理，对于全面了解我国工业副产石膏综合利用领域的现状及发展方向具有一定的参考价值，可供从事工业副产石膏综合利用行业相关工作的人员阅读参考。

　　本书共分为三章，第一章绪论，第二章有色金属冶炼行业副产石膏，第三章我国工业固体废物资源化综合利用领域新进展。本书由朱北平、张国华、谭艳霞编写，参与本书编写工作的人员还有王利飞、安康发、王锦亮、黄力、王邦伟、李理、陈利生、杨正兵、李云。

由于编者水平所限，书中不妥之处，恳请读者批评指正。

编　者

2023 年 12 月

目　　录

第一章 绪 论

第一节 石膏资源概述

一、天然石膏

天然石膏（Natural Gypsum，NG）来自石膏矿，是我国一种优势非金属矿产资源。世界上石膏资源丰富，分布广泛，已有 100 多个国家和地区勘察探明了石膏储量，根据美国地质调查局统计，石膏资源储量丰富的国家主要有俄罗斯、伊朗、中国、巴西、美国、加拿大、墨西哥等，其他石膏资源储量较大的国家有墨西哥、西班牙、法国、泰国、澳大利亚、印度和英国等，全球主要国家石膏矿床分布如图 1-1 所示。

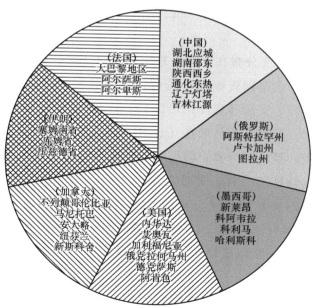

图 1-1 全球主要国家石膏矿床分布

我国天然石膏储量丰富，储量居世界前列，而且分布广泛、类型多，全国23 个省（市、自治区）有石膏矿产出，全国共发现和探明的石膏矿床 500 多个，多达 600 亿吨。我国石膏矿的规模以大中型为主，在矿产储量中，大型矿占47%，中型矿占 20%，小型矿占 33%，总储量的 98% 以上分布在大矿，而中小矿储量仅占近 2%，大型矿山中有 26 个储量超过 2 亿吨的特大型矿，近年来我国石膏产量，如图 1-2 所示。

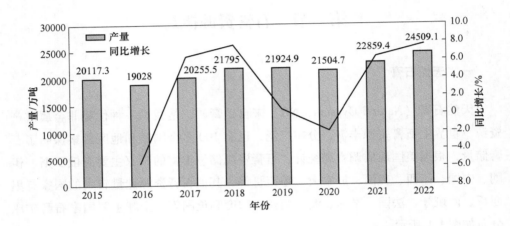

图 1-2　2015—2022 年中国石膏产量统计

我国天然石膏主要分布在华东、东南、华北地区。山东是天然石膏资源储量最多的省份，占全国资源储量的 65.6%；其次为内蒙古、青海、宁夏、湖北、湖南、广西、安徽等省（自治区），占全国总资源储量的 32%；但贵州、江西、辽宁、新疆、吉林等省（自治区）可供近期利用的储量较少，浙江、福建、海南、黑龙江等省目前尚未探到保有储量。而且地域不同，天然石膏存于地下的特征不一样，导致各地天然石膏开采的难度和方式也不一样。中国西部的石膏矿埋藏浅。比如甘肃、宁夏、青海的一些矿山适合露天开采，云南、四川的一些矿山可以先露天开采，再进行地下开采。而我国中东部的石膏矿一般埋藏较深，且多为薄层矿，需地下开采，开采难度较大。

沉积矿床是中国石膏矿床的主要类型，石膏矿物中主要以硬石膏和普通石膏为主。硬石膏（$CaSO_4$）为无水硫酸钙，斜方晶系，晶体为板状，通常呈致密块状或粒状，白、灰白色，玻璃光泽，摩氏硬度为 3～3.5。普通石膏（$CaSO_4 \cdot 2H_2O$）为二水硫酸钙，又称生石膏、水石膏或软石膏，单斜晶系，晶体为板状，通常呈致密块状或纤维状，白色或灰、红、褐色，玻璃或丝绢光泽，摩氏硬度为 2。这两种石膏常伴生产出，在一定的地质条件作用下可相互转化。就目前的探测石膏一般在 150 ℃左右失去两个结晶水的 3/2 个，转变为半水石膏（$CaSO_4 \cdot 1/2H_2O$），半水石膏中的 1/2 个水大约在 180 ℃失去，此时得到的是可溶性无水 $CaSO_4$，继续加热到不溶性无水 $CaSO_4$（硬石膏）。天然石膏的化学组成见表 1-1。

表 1-1　天然石膏的化学组成　　　　　　　　　　　　　　（％）

$w(CaO)$	$w(SO_3)$	$w(H_2O)$	$w(SiO_2)$	$w(MgO)$	$w(Al_2O_3)$	$w(Fe_2O_3)$	$w(Na_2O)$	$w(K_2O)$
35.18	38.84	16.91	3.50	1.68	0.49	0.14	0.69	0.69

我国优质石膏（纤维石膏）少，普通石膏和硬石膏多，其中普通石膏占总储量的 40%（其中纤维石膏占 2%，普通石膏占 20%，其余为泥质石膏、硬石膏和碳酸盐质石膏共占 18%），硬石膏占总储量的 60%，其资源分布情况如图 1-3 所示。因此，我国虽然是石膏储量的大国，但是又是优质石膏储量的穷国，能实际开采并有效利用的优质石膏资源比例更少。

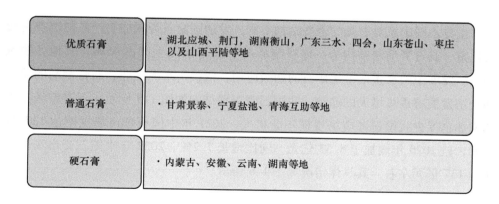

优质石膏	· 湖北应城、荆门，湖南衡山，广东三水、四会，山东苍山、枣庄以及山西平陆等地
普通石膏	· 甘肃景泰、宁夏盐池、青海互助等地
硬石膏	· 内蒙古、安徽、云南、湖南等地

图 1-3　天然石膏资源分布情况

天然二水石膏中常含一定数量的杂质，其中碳酸盐类的杂质有石灰石和白云石，黏土类杂质有石英、长石、云母和蒙脱石等，还可能有少量的氯化物、黄铁矿、有机质等。不同的用途对石膏原料的质量有着不同的要求，高品位石膏多被用于特种石膏产品的生产原料，如食用、医用、艺术品、模型和化工填料等；二水硫酸钙含量低于 60% 的石膏矿则很少得到应用；高于 60% 的石膏矿石，则根据其含量的不同，被用于建材、建筑等各个领域。自 2020 年以来，中国石膏的需求量逐年增加，2021 年中国石膏需求量达 22935.9 万吨，较 2020 年增加了 1362.30 万吨，同比增长 6.3%，2022 年中国石膏需求量达到 24680 万吨左右，具体情况如图 1-4 所示。

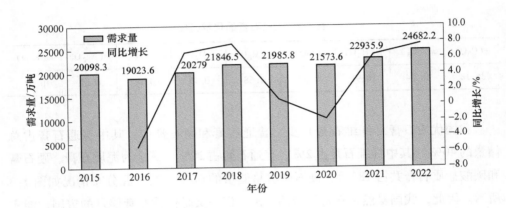

图 1-4　2015—2022 年中国石膏需求量统计

世界不同国家对石膏的消费结构不同，发达国家石膏深加工产品的消费占较大比重，其石膏消费结构为：墙材制品占 45%，水泥生产占 45%，其他各领域 10%。发展中国家多偏重于矿石的初级应用，依赖于水泥工业，石膏制品的比重随经济发展有逐步增大的趋势，我国石膏消费结构如图 1-5 所示。下游市场需求的增加也促进我国石膏市场规模不断扩大，2021 年中国石膏市场规模达 127.27 亿元，较 2020 年增加了 8.52 亿元，同比增长 7.2%，2022 年中国石膏市场规模达到 137 亿元左右。其具体情况如图 1-6 所示。

二、工业副产石膏

工业副产石膏是指工业生产中因化学反应生成的以硫酸钙（含 0~2 个结晶水）为主要成分副产品，也称化学石膏或工业废石膏。目前我国的工业副产石膏，按产出行业和品种分类共有 10 余种。如磷石膏、烟气脱硫石膏、柠檬酸石

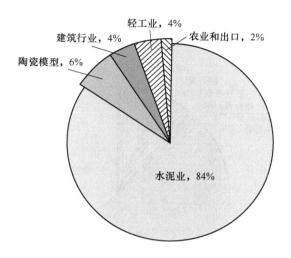

图 1-5　我国石膏消费结构

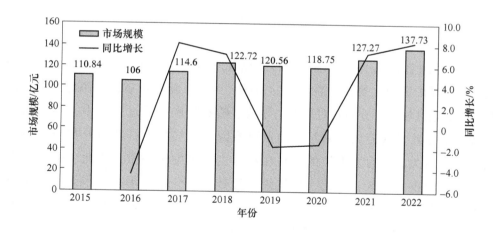

图 1-6　2015—2022 年中国石膏市场规模统计

膏、氟石膏、冶金行业石膏渣、钛石膏、陶瓷废模石膏、盐石膏、芒硝石膏、酒石酸石膏等，其中脱硫石膏和磷石膏的产生量约占全部工业副产石膏总量的 75%，各类工业副产产出量占比情况，如图 1-7 所示。工业副产石膏产生量相当于目前全国天然石膏开采量的 40% 左右。工业副产石膏和天然石膏因来源与形成过程不同，其晶体发育程度和杂质及分布程度均会有所不同，各种工业副产石膏中的杂质直接影响其后期的应用。

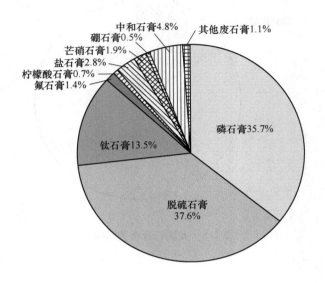

图 1-7 各类工业副产产出量占比情况

各类工业副产石膏在中国的分布情况有所不同。磷石膏与磷矿资源分布相关。中国磷矿资源主要集中在云南、贵州、四川、湖北 4 省，资源储量大，西北、东北地区没有，分布相对集中，导致了磷石膏堆存的过度集中，堆存的磷石膏更是导致长江流域总磷污染的重要原因。烟气脱硫石膏的分布与火力发电厂分布相关。火力发电厂的分布在我国主要集中于华东、华北、中南等中国经济发展重心地区，因此，烟气脱硫石膏主要分布于华东、华北、中南等地区，西北、东北地区最少。钛石膏分布较分散，主要分布华南和东北地区。陶瓷废模石膏主要排放区为华南地区，其次为华北、华东、西南地区，西北和东北地区没有。柠檬酸石膏主要集中在山东、安徽、江苏、湖北地区，四省份的排放量约占柠檬酸石膏总排放量的 80% 以上。冶金行业石膏的分布情况主要与冶金工业的地理分布和生产规模有关。一般来说，冶金工业集中的地区石膏的产量也较高。例如，中国的冶金工业主要集中在西南、华北和华东地区，这些地区也是石膏资源较为丰富的地区。需要注意的是，石膏的分布情况可能会因时间和地区而有所变化。

第二节 工业副产石膏的种类及特点

工业副产石膏由于其产生途径的不同，其成分、颜色、物理性能、杂质含量、杂质种类等都因其产生的工艺和原理而有所不同，但作为工业副产品，它都有着以下的一些共同特性：

（1）工业副产石膏大多都具有较高的附着水，呈浆体状或湿渣排出，一般来说，其附着水的含量都在 10% ~40%，个别的甚至更高。

（2）工业副产石膏粒径较细，粒径一般均为 5~300 μm，生产石膏粉时，可节省破碎、粉磨费用，会产生大量的粉尘，增加除尘的费用。

（3）工业副产石膏一般所含成分较为复杂，含有量少但对石膏水化硬化性能有较大影响的化学成分，pH 值呈酸或碱性而非中性。给化学石膏的有效利用带来较大难度。

（4）工业副产石膏产量都较大，在产生过程中，大多都高于其主产品的产量，如磷石膏近 2000 万吨/年，脱硫石膏也在大量增加。

（5）工业副产石膏大多都不能采用常规天然石膏处理工艺生产，利用难度较大，对环境有一定的污染，利用量极少，大多采用圈地堆放的方式处理。

工业副产石膏由于其原料、工艺等各不相同，导致工业副产石膏的种类也有多种，而且也各有特点。

一、磷石膏

磷石膏是磷酸生产工业中产生的固体废弃物，每生产 1 t 磷酸就会产生 5~6 t 的磷石膏。在工业湿法制磷酸的过程中，用浓硫酸浸泡磷矿石按照式（1-1）来制得磷酸，其生产工艺流程如图 1-8 所示。

$$Ca_5(PO_4)_3F + 5H_2SO_4 + 10H_2O \longrightarrow 3H_3PO_4 + 5CaSO_4 \cdot 2H_2O \downarrow + HF \uparrow$$

$$(1-1)$$

在这个反应过程中，二水硫酸钙沉积在底部经滤出烘干后即可得到磷石膏，但受我国各地磷矿成分的影响，不同地区磷石膏的组成及杂质含量不尽相同，某地区磷石膏化学组成见表 1-2，其中 90% 以上为 $CaSO_4 \cdot 2H_2O$。磷石膏呈灰白色或黄白色，是主要以针状晶体、多晶核晶体、单分散板状晶体、密实晶体结晶形

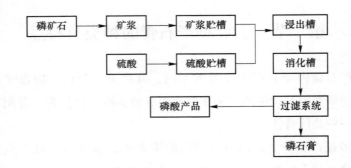

图 1-8　磷酸产品的生产工艺流程

态存在的细粉状固体。在这个反应中，原料是浓硫酸和磷矿石，尽管经过了过滤等工艺，但是磷石膏还是呈现很强的酸性，还有很多杂质，其杂质主要为少量未分解的磷矿、未洗涤掉的磷酸和氟化钙、酸不溶物、铁铝化合物、有机质等，除了硫酸钙及其结晶水以外的物质统称为杂质，其中对环境污染比较大的主要是氟化物、五氧化二磷、磷酸盐等杂质，工业磷石膏中杂质种类及其存在形式见表 1-3。因此，磷石膏的长期露天堆放易造成土壤环境污染与水资源污染，使得环保压力增大。2010—2022 年我国磷石膏产量、利用率情况如图 1-9 所示。从图 1-9 中可以看出：我国磷石膏的综合利用率近 6 年在逐年增长，但是，整体综合利用率仍处于较低的水平。

表 1-2　磷石膏的化学组成　　　　　　　　　　　　　　（%）

$w(CaO)$	$w(SO_3)$	$w(H_2O)$	$w(SiO_2)$	$w(MgO)$	$w(Al_2O_3)$	$w(Fe_2O_3)$	$w(Na_2O)$	$w(K_2O)$
31.00	43.00	18.73	5.87	0.01	1.05	0.39	—	—

表 1-3　工业磷石膏中的杂质种类及其存在形式

杂质种类	主要存在形式、形态	溶解性
磷酸、磷酸盐	H_3PO_4、$H_2PO_4^-$、HPO_4^{2-}、$CaHPO_4 \cdot H_2O$	可溶共晶体
	磷灰石、磷酸盐络合物	难溶
氟化物	NaF	可溶
	CaF_2、$CaSiF_6$、Na_2SiF_6	难溶

续表1-3

杂质种类	主要存在形式、形态	溶解性
有机物	腐烂植物有机杂质、酸解催化有机添加剂	难溶
放射物	Ra、Th	
重金属	Cd、Cu、Zn、Pb、As、Hg 等	难溶

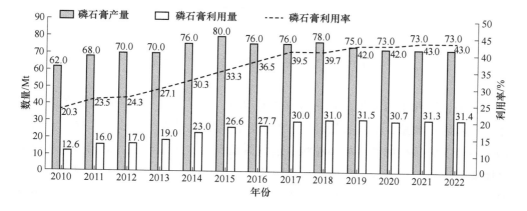

图1-9　2010—2022年我国磷石膏产量、利用量及利用率

二、烟气脱硫石膏

二氧化硫是污染环境的首要污染物，每年全球含硫燃料燃烧排放到大气中的二氧化硫高达2亿吨左右。我国是燃煤大国，随着工业的发展，二氧化硫排放量也不断增加。目前，我国燃煤电厂中绝大部分脱硫技术是以石灰石-石膏法脱硫，该技术是通过将除尘处理后的烟气导入吸收器中，烟气中的二氧化硫与形成料浆的细石灰或石灰石粉发生反应生成亚硫酸钙（$CaSO_3 \cdot 0.5H_2O$），然后将其氧化成二水硫酸钙。最后将石膏悬浮液脱水，产物为颗粒细小、品位高、残余含水量为5%~15%的脱硫石膏。其主要反应见式（1-2）、式（1-3），典型石灰石-石膏湿法工艺生产流程如图1-10所示。

$$SO_2 + CaCO_3 + 1/2H_2O \longrightarrow CaSO_3 \cdot 1/2H_2O + CO_2 \qquad (1-2)$$

$$2CaSO_3 \cdot 1/2H_2O + O_2 + 3H_2O \longrightarrow 2CaSO_4 \cdot 2H_2O \qquad (1-3)$$

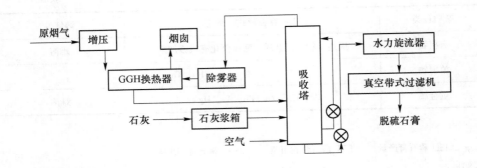

图 1-10　典型石灰石-石膏湿法工艺生产流程

　　目前，这种脱硫工艺脱硫率最高可达 98%，利用这一技术很大程度上控制了二氧化硫排放量，空气质量得到了改善，但同时也带来了工业副产物——烟气脱硫石膏，它呈松散细小的颗粒状，烟气脱硫石膏含水量较大，含有 8%～12% 的附着水，颗粒级配较为集中，D50 颗粒一般为 60～90 μm，pH 值一般在 5～9，品位高。正常晶体一般呈短柱状，工艺不正常时也呈球状、片状。正常产品颜色近乎白色微黄，脱硫工艺不稳定时呈灰黑色。脱硫石膏的杂质主要来源于吸收剂和未反应完全的吸收剂以及烟灰焦炭等。主要的灰分有 Fe_2O_3、$CaCO_3$、Al_2O_3、SiO_2 等，还含有氯离子和氟离子等杂质，同时 Pb、Zn、Hg 等重金属含量较高，所以普遍用于低端直接利用，而高技术含量和高附加值的利用价值较小，缺乏核心技术。作为一种固体废弃物，烟气脱硫石膏主要以堆存为主，其随意堆放不仅会占用大量的土地资源，而且它所含的有害物质会影响生态环境与人类健康，因此亟须对其进行资源化利用开发。烟气脱硫石膏的化学组成见表 1-4。

表 1-4　烟气脱硫石膏的化学组成　　　　　　　　（%）

$w(CaO)$	$w(SO_3)$	$w(H_2O)$	$w(SiO_2)$	$w(MgO)$	$w(Al_2O_3)$	$w(Fe_2O_3)$	$w(Na_2O)$	$w(K_2O)$
35.13	42.74	19.67	1.01	0.20	0.39	0.10	0.90	0.10

　　我国在脱硫石膏的利用方面，与发达国家相比较还存在很大差距。德国、日本等国脱硫石膏利用率早已经达 100%，而我国利用率目前还未达到 80%，与发

达国家相比尚存在很大差距。2022 年全球脱硫石膏市场规模大约为 106.33 亿元，2029 年达到 117.44 亿元，2023—2029 年期间年复合增长率（CAGR）为 1.58%。目前，中国是全球最大的脱硫石膏生产地区之一，占有大约 64.43% 的市场份额。2010—2022 年我国脱硫石膏产量、利用量及利用率如图 1-11 所示。

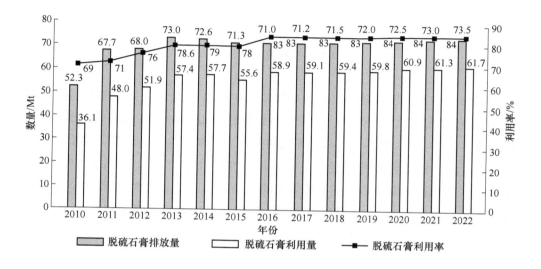

图 1-11　脱硫石膏生产量、利用量、利用率

三、柠檬酸石膏

柠檬酸是一种应用非常广泛的有机酸，柠檬酸石膏（俗称钙泥）是钙盐沉淀法生产柠檬酸时产生的以二水硫酸钙（$CaSO_4 \cdot 2H_2O$）为主要成分的工业副产品，其化学组成见表 1-4，除了含有硫酸钙以外，还含有二氧化硅、氧化铝、三氧化二铁，以及少量碳酸钙、氢氧化镁、二氧化钛、碳渣、柠檬酸等杂质。每生产 1 t 柠檬酸排出 2.4~2.8 t 柠檬酸湿料，折合干石膏约 1.2 t。其原理反应见式（1-4），其生产工艺，如图 1-12 所示。

$$Ca_3(C_6H_5O_7)_2 \cdot 4H_2O + 3H_2SO_4 + 2H_2O \longrightarrow 2C_6H_8O \cdot 2H_2O + 3CaSO_4 \cdot 2H_2O$$

$$(1-4)$$

柠檬酸石膏化学成分与天然石膏相比，品位更高，其品位（质量分数）不

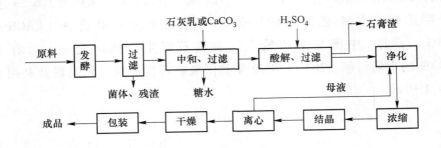

图 1-12　柠檬酸产品工艺流程

低于98%，一般呈现潮湿松散的细小颗粒，一般含有40%～45%左右的附着水（废酸残留量在0.01%～0.1%），平均颗粒粒径分布为16～45 μm，pH 值一般为2.0～6.5，因生产工艺不同而呈现不同的颜色，有灰白色、白色等，主要杂质成分为少量的柠檬酸钙和柠檬酸。目前，我国柠檬酸年产能占世界的70%左右，年产量占世界的65%左右，是全球最大的柠檬酸生产国。国内2008年全球柠檬酸产量约110万吨，副产柠檬酸石膏165万吨，其中我国柠檬酸年产量达70余万吨，柠檬酸石膏排放量达105万吨，占全世界排放总量的63%左右，2019年我国柠檬酸产量约130万吨，副产柠檬酸石膏约195万吨，2020年柠檬酸石膏产量为150万吨。除少数用于水泥工业、建筑石膏以及建筑石膏砂浆外，大部分处于堆放状态，还未得到充分利用，这是因为柠檬酸废渣中含有少量的柠檬酸和柠檬酸盐，影响了柠檬酸石膏的有效利用。此外，残余酸随着气温的上升，堆场会散发出酸腐气息，或产生扬尘，影响大气环境，另外，堆场渗沥出的废水，会对地下水造成污染。见表1-5。

表 1-5　柠檬酸石膏的化学组成　　　　　　　　　　（%）

$w(CaO)$	$w(SO_3)$	$w(H_2O)$	$w(SiO_2)$	$w(MgO)$	$w(Al_2O_3)$	$w(Fe_2O_3)$	$w(Na_2O)$	$w(K_2O)$
35.13	42.74	19.67	1.01	0.20	0.39	0.10	0.90	0.10

四、冶金行业石膏渣

冶金分为湿法冶金和火法冶金。湿法冶金原理是以相应溶剂，加以化学反应原理，提取和分离矿石中的金属的过程，又称为水法冶金；火法冶金原理是以高温从矿石中冶炼出金属或其化合物的过程，整个过程不包含水溶液参与，所以又称为干法冶金。冶金石膏渣是在冶金过程中产生的一种副产物，主要指冶炼金属时产生的石膏渣。在冶金过程中，石膏渣是由含硫化合物和其他杂质形成的固体废弃物。

冶金石膏渣通常包含硫酸钙（$CaSO_4$）和其他金属氧化物、氧化硅等成分。它的性质和成分会因冶炼的金属种类和工艺条件的不同而有所差异。

在冶金过程中，石膏主要来自以下几个方面。

（1）炼铁过程：在高炉或其他铁矿石冶炼过程中，石膏主要来自炉渣中的硫酸盐。炉渣是冶炼过程中产生的固体废弃物，其中含有一定量的硫酸盐，经过处理后可以得到石膏。

（2）炼钢过程：在炼钢过程中，石膏主要来自转炉炼钢和电炉炼钢过程中的废渣。这些废渣中含有一定量的硫酸盐，经过处理后可以得到石膏。

（3）铝冶炼过程：在铝冶炼中，石膏主要来自氧化铝生产过程中的废渣。氧化铝生产过程中使用的一种常见原料是氢氧化铝，其中含有一定量的硫酸盐，经过处理后可以得到石膏。

就目前来看，世界上全部的氧化铝、大于74%的锌、大于12%的铜都可以用湿法冶金的，湿法冶金的工艺过程如图1-13所示，而火法冶金在钢铁冶炼、有色金属造锍熔炼和熔盐电解以及铁合金生产等方面比较常用，火法冶金的工艺过程如图1-14所示。无论是湿法冶金还是火法冶金都有部分工艺中有石膏渣产生，其产生的原理基本相同，均为中和沉淀方法所产生的。

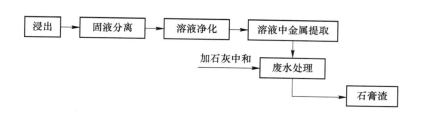

图1-13　湿法冶金的工艺流程

有色金属多以硫化矿物的形式在自然界中成矿，在火法冶炼过程中会产生大量含有二氧化硫和三氧化硫的烟气，用其可制取硫酸，但烟气中夹杂有铅、砷、

图 1-14　火法冶金的工艺流程

汞、铬和锌等重金属，制硫酸前需将烟气进行净化，净化过程中三氧化硫和重金属进入溶液形成污酸，污酸中加入碳酸钙、氧化钙或氢氧化钙等进行中和，从而得到石膏渣（主要成分为 $CaSO_4 \cdot 2H_2O$），也称中和渣、污酸渣，中和每吨废水大概产生 30 ~ 40 kg 石膏渣，其化学组成见表 1-6。其原理反应方程式如下：

$$CaCO_3 + 2H^+ \longrightarrow Ca^{2+} + HCO_3^-$$

$$CaO + 2H^+ \longrightarrow Ca^{2+} + H_2O$$

$$Ca(OH)_2 + 2H^+ \longrightarrow Ca^{2+} + 2H_2O$$

$$Ca^{2+} + SO_4^{2-} + 2H_2O \longrightarrow CaSO_4 \cdot 2H_2O$$

理论上，1000 kg 含 10%（质量分数）硫酸的污酸被中和后会产生 175.5 kg 二水石膏。

表 1-6　污酸中和渣的化学组成　　　　　　　　（%）

$w(CaO)$	$w(SO_3)$	$w(SiO_2)$	$w(As_2O_3)$	$w(ZnO)$	$w(Fe_2O_3)$	$w(PbO)$	$w(CdO)$	$w(HgO)$
42.03	37.02	3.08	0.282	2.72	6.12	0.3	0.2	0.02

　　而对于湿法冶金工艺中，往往是往污酸中加入石灰，通过石灰的中和沉淀作用将溶液中含有的碳酸盐、硫化物以及氢氧化镁等物质沉淀，另外，还可以与各类酸根离子反应，降低溶液的 pH 值。

　　冶金石膏渣通常需要进行处理和处置，以减少对环境的影响。一种常见的处理方式是将石膏渣进行固化、稳定化或固体化处理，使其变成稳定的固体块，并尽量降低其中的有害物质含量。处理后的石膏渣可以用于填埋、建筑材料、水泥生产等方面，以实现资源的综合利用，具体的应用如下。

　　（1）填埋：处理后的石膏渣可以用于填埋场，作为填埋材料使用。通过固化和稳定化处理，石膏渣的体积稳定，有害物质得到固化，减少了对周围环境的污染风险。

（2）建筑材料：处理后的石膏渣可以用于生产建筑材料，如石膏板、石膏砂浆等。这些建筑材料具有一定的强度和耐久性，可以广泛应用于建筑行业，实现了石膏渣的资源化利用。

（3）水泥生产：石膏渣可以用于水泥生产中作为掺合料。在水泥生产过程中，石膏渣可以调节水泥的硫酸盐含量，改善水泥的性能，并降低对天然资源的依赖。

此外，还有其他的石膏渣处理方式，如石膏渣的浸出、萃取、脱水等技术，可以进一步提取其中的有用成分，实现更高程度的资源回收和利用。这些处理方式的选择和实施需要考虑石膏渣的具体成分、性质以及处理后的用途等因素。

综合利用石膏渣不仅可以减少对环境的负面影响，还可以节约资源、降低成本，并为可持续发展提供支持。因此，研究和推广石膏渣的处理和综合利用技术具有重要的环境和经济意义。

第三节　工业副产石膏综合利用现状

石膏有天然石膏和工业副产石膏。石膏是一种用途广泛的工业材料和建筑材料，可用于水泥缓凝剂、石膏建筑制品、模型制作、医用食品添加剂、硫酸生产、纸张填料、油漆填料等领域。中国石膏产业虽然起步较晚，基础较差，但发展较快。随着我国经济基础设施建设的飞速发展，我国也向建设现代化强国的目标逐步迈进。目前，我国天然石膏分布过于集中，优质资源占比较低，且开采不规范，易破坏环境、发生安全事故。而工业副产石膏的来源丰富，目前绝大部分未被利用，露天堆放占用大量土地，已成为严重污染环境的工业废渣。

一方面自然资源的消耗和废弃物的大量排放牺牲了宝贵的自然环境。另一方面，在各种工业飞速发展的同时，工业副产石膏大量堆存，对土壤、水和空气的破坏都很大。为企业的长足发展和人、环境、社会的和谐共存等方面考虑，工业副产石膏已到非处理不可的地步。研究发现并不是所有的天然石膏的品质一定优于工业副产石膏，因此，工业副产石膏的开发利用越来越有现实意义，其综合利用将成为一种新的发展趋势。

工业副产石膏大量堆存，既占用土地，又浪费资源，含有的酸性及其他有害物质容易对周边环境造成污染，已经成为我国影响排渣企业可持续发展的重要阻碍因素。近年来，固体废物的污染防治与资源化利用已引起各级政府及相关部门的高度重视，政策环境进一步加强。坚持科学发展观，保护环境，可持续发展是我国加速工业化进程的基本国策。我国石膏行业鼓励综合利用工业副产石膏作为原材料，对天然石膏逐渐加强了管理并限制开采。必须变废为宝，将大量的工业副产石膏当作资源来加以开发和利用，如果工业副产石膏的排放量约2.2亿吨/年综合利用率达到60%以上的话，就相当于我国增加了年产500万吨石膏矿井37个，等于每年节约了1.84亿吨天然石膏矿产资源，对于我国石膏工业的可持续发展，造福子孙后代都具有极其深远的意义。

工业副产石膏经过适当处理，完全可以替代天然石膏。2011年2月21日，《工业和信息化部关于工业副产石膏综合利用的指导意见》印发，其中指出尽管我国工业副产石膏的利用途径不断拓宽、规模不断扩大、技术水平不断提高，但随着工业副产石膏产生量的逐年增大，综合利用仍存在一些问题。

一是区域之间不平衡。受地域资源禀赋和经济发展水平影响，不同地区工业副产石膏产生、堆存及综合利用情况差异较大。北京市、河北省、珠三角地区及长三角地区等脱硫石膏产生量小、综合利用率高；而山西、内蒙古等燃煤电厂集中的地区脱硫石膏产生量大、综合利用率较低。我国磷矿资源主要集中在云南、贵州、四川、湖北、安徽等地区，决定了我国磷肥工业布局及磷石膏的产生、堆存主要集中在这些地区。受运输半径影响，磷石膏综合利用率长期处于较低水平。使用量大的地区供不应求，而产生量集中的地区却大量堆存。

二是工业副产石膏品质不稳定。尽管理论上工业副产石膏品质要高于天然石膏，但由于我国部分燃煤电厂除尘脱硫装置运行效率不高，加之电煤的来源不固定，导致脱硫石膏品质不稳定；由于磷矿资源不同，导致磷石膏含有不同的杂质，品质差异较大；湿法冶金产生的石膏品质稳定，但由于湿法冶炼大多处于西南边陲，不占区位优势，加之西部交通运输方式单一、运价成本较高，因此，湿法冶金产生的石膏渣一直得不到开发和利用。石膏制品企业更愿意使用品质稳定的天然石膏。同时，由于当前我国天然石膏开采成本（包括资源成本和开采成本）较低，也不利于工业副产石膏替代天然石膏。

三是标准体系不完善。不利于工业副产石膏在不同建材领域的应用。缺乏工业副产石膏综合利用产品相关标准，只能参照其他同类标准，市场认可度低，造成工业副产石膏难以被大规模利用的现象。

四是缺乏共性关键技术。由于缺乏先进的在线质量控制技术、低成本预处理技术及大规模、高附加值利用关键共性技术，制约了工业副产石膏综合利用产业发展。现有的一些成熟的先进适用技术，如副产石膏生产纸面石膏板、石膏砖、石膏砌块、水泥缓凝剂技术等，在中国西部部分地区也没有得到很好的推广应用。

工业副产石膏的综合利用是落实科学发展观，建设节约型和环境友好型工业体系的重要举措，也是解决当前工业副产石膏堆存造成的环境污染和安全隐患的治本之策。工业副产石膏的综合利用利于循环经济的发展，而循环经济已然成为全球绿色发展、资源保障、碳达峰、碳中和的重要途径。为贯彻《中华人民共和国固体废物污染环境防治法》，落实《中华人民共和国国民经济和社会发展第十四个五年规划和 2035 年远景目标纲要》和《"十四五"工业绿色发展规划》，工信部等八部门印发《关于加快推动工业资源综合利用的实施方案》，明确到 2025 年，钢铁、有色、化工等重点行业工业固废产生强度下降，大宗工业固废的综合利用水平显著提升，再生资源行业持续健康发展，工业资源综合利用效率明显提升。力争大宗工业固废综合利用率达到 57%，其中工业副产石膏达到 73%。工业固废综合利用提质增效工程强调了要推动磷石膏综合利用量效齐增，指出要推动磷肥生产企业强化过程管理，从源头提高磷石膏可资源化品质。突破磷石膏无害化处理瓶颈，因地制宜制定磷石膏无害化处理方案。加快磷石膏在制作硫酸联产水泥和碱性肥料、生产高强石膏粉及其制品等领域的应用。在保证安全环保的前提下，探索磷石膏用于地下采空区充填、道路材料等方面的应用。支持在湖北、四川、贵州、云南等地建设磷石膏规模化高效利用示范工程，鼓励有条件地区推行"以渣定产"。

国外工业副产石膏应用于建材行业已有 100 多年历史，利用最好的国家或地区是日本，其次是美国和欧洲。日本的工业副产石膏利用率达到 100%，欧美几乎所有的脱硫石膏、磷石膏都用于建筑制品。近年来，我国石膏利用总量保持在 1.2 亿~1.4 亿吨，其中工业副产石膏占 80% 的比重，工业副产石膏利用率逐年上升。目前，国内工业副产石膏的应用途径较多，一是在水泥工业、农业方面、化工方面等均有应用。二是生产石膏建材产品，包括纸面石膏板、石膏砌块、石膏空心条板、干混砂浆、石膏砖；目前，有的企业正在探索在确保环境安全的前提下用于矿山采空区生态修复等。

一、水泥工业

水泥是粉状水硬性无机胶凝材料，是主要的建筑材料之一，广泛用于土木建筑、水利、国防等工程中。水泥加水搅拌后成浆体，能在空气中硬化或者在水中硬化，并能把砂、石等材料牢固地胶结在一起。在水泥的生产过程中，一般采用天然石膏作缓凝剂，通常需要加入 3% ~ 5% 天然石膏，它不仅对水泥起到缓凝作用，而且可以提高水泥强度。2018—2022 年我国的水泥产量如图 1-15 所示，2023 年 2 月 28 日，工信部发布《中华人民共和国 2022 年国民经济和社会发展统计公报》，《公报》内容显示 2022 年全年水泥产量 21.3 亿吨，比上年降低 10.5%，按照 2022 年水泥的年生产量计算，理论上则需要 0.639 亿 ~ 1.065 亿吨的天然石膏，天然石膏所需量较大。经研究表明，由于工业副产石膏主要成分与天然石膏相同，因此用工业副产石膏不仅能完全替代天然石膏作为缓凝剂、矿化剂、激发剂等，而且水泥强度优于使用天然石膏，是工业副产石膏资源化利用很好的一个途径。目前工业副产石膏作水泥缓（调）凝剂约占工业副产石膏综合利用量的 70%。

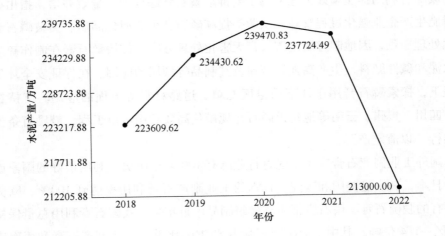

图 1-15　2018—2022 年我国水泥产量

石膏渣在水泥工业中有广泛的应用情况，主要包括水泥生产中的熟料掺合料，水泥熟料的烧成辅助材料，水泥砂浆的改性剂 3 个方面。

（一）水泥生产中的熟料掺合料

石膏渣可以用作水泥生产中的熟料掺合料。熟料是水泥生产中的主要原料，通常有矿渣粉、粉煤灰和石膏渣，其主要是用于调节水泥的化学成分和物理性能的材料。这三个的添加料对水泥的性能改变能力各不相同。矿渣粉是冶金工业中高炉炉渣经过磨矿加工得到的粉状物料。矿渣粉作为熟料掺合料添加到水泥中，具有良好的活性和水化性能。添加适量的矿渣粉可以改善水泥的耐久性、减少热裂缝的发生、增加抗硫酸盐侵蚀能力，并降低水泥的碳排放；粉煤灰是煤燃烧过程中产生的一种细粉状副产物。粉煤灰作为熟料掺合料添加到水泥中，添加适量的粉煤灰可以改善水泥的工艺性能、增加水泥的耐久性和抗裂性，并减少水泥的碳排放；矿渣粉和粉煤灰可以按一定比例混合后作为熟料掺合料添加到水泥中，这种混合掺合料可以充分利用两者的优点，改善水泥的性能，并减少对天然原料的需求；而石膏渣则是水泥生产中最常用的熟料掺和料之一，添加适量的石膏渣到水泥熟料中，调节了水泥的硫酸盐含量，改善了水泥的性能，例如控制水泥的凝结时间、调节水泥的强度发展和改善水泥的耐久性等。付强强等人研究磷石膏代替天然石膏与钙、铝质原料混合烧制硫铝酸盐水泥熟料，其工艺流程如图1-16 所示。该工艺流程是二水石膏经干燥、脱水后变成半水石膏，半水石膏与其他辅料进行搭配均化，配置成生料，生料经回转窑进行高温转化后生成熟料，熟料再与其他辅料进行搭配经粉磨机粉磨后制成性能优异的水泥，实现废物循环利用并带来较好的经济效益，具有较好的应用前景。

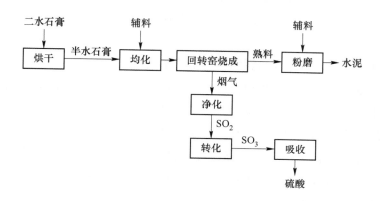

图 1-16　磷石膏制酸联产水泥工艺流程

　　这种应用方式可以减少对天然原料的需求，降低水泥生产的成本，并减少对环境的不良影响。

（二）水泥熟料的烧成辅助材料

　　石膏渣也可以作为水泥熟料的烧成辅助材料。在水泥生产过程中，石膏渣可以添加到熟料中，与熟料一起进行烧成。这样可以促进熟料的烧结，提高熟料的品质和烧成效率，并减少能源消耗。石膏渣在烧成过程中会发生反应，生成类似石膏的化合物，称为熟石膏（Anhydrite）。熟石膏具有一定的水化活性，可以参与水泥的水化反应，增强水泥的强度发展。石膏渣作为水泥熟料的烧成辅助材料一直受到广泛的研究和应用。目前，主要集中在以下几个方面进行研究，并取得明显的进展。

　　（1）石膏渣的活化利用。研究者们致力于提高石膏渣的活化利用效果，使其更好地发挥烧成辅助材料的作用。一些研究表明，通过改变石膏渣的煅烧温度、磨矿细度和添加其他活性材料等方法，可以增强石膏渣的活性，提高其对水泥性能的调节作用。

　　（2）石膏渣的掺量研究。研究者们对石膏渣的最佳掺量进行了深入研究。适量的石膏渣掺入可以改善水泥的性能，但过高的掺量可能导致水泥强度下降。因此，研究人员通过实验和模拟计算等方法，确定了不同类型水泥中最佳的石膏渣掺量范围。

　　（3）石膏渣的影响机理研究。研究人员对石膏渣在水泥烧成过程中的影响机理进行了深入研究。他们通过研究石膏渣的矿物组成、热分解特性和水化反应等，揭示了石膏渣对水泥的影响机制，为合理利用石膏渣提供了理论依据。

　　总体来说，石膏渣作为水泥熟料的烧成辅助材料的研究进展涉及石膏渣的活化利用、掺量研究、影响机理研究以及应用拓展等方面。这些研究为石膏渣的合理应用和水泥产品的性能改进提供了重要的理论和实践基础。

　　石膏渣在水泥熟料的烧成过程中起到多种作用。

　　（1）调节烧成温度。石膏渣能够降低熟料的烧成温度，使得熟料在较低温度下烧结成型。这有助于节约能源和减少烧成过程中的能耗。

　　（2）控制熟料凝结时间。石膏渣中的石膏在水泥熟料烧成过程中会发生水化反应，生成硬石膏。硬石膏具有缓凝作用，可以延缓水泥的凝结和硬化过程，使水泥具有适当的凝结时间。

（3）调节水泥的硫酸盐含量。石膏渣中的石膏含有较高的硫酸盐含量。适量添加石膏渣可以调节水泥中的硫酸盐含量，避免水泥中硫酸盐含量过高导致水泥膨胀和破坏性膨胀反应的发生。

（4）改善水泥的性能和耐久性。适量添加石膏渣可以改善水泥的物理性能和耐久性，可以增加水泥的初凝时间、调节水泥的流动性、提高水泥的抗裂性能，并有助于减少水泥的热裂纹和收缩。

需要注意的是，石膏渣的添加量应根据具体的水泥配方和烧成工艺进行合理控制，以确保水泥产品的质量和性能符合要求。过高或过低的石膏渣含量都可能对水泥的性能产生不利影响。

（三）水泥砂浆的改性剂

石膏渣可以用作水泥砂浆的改性剂。通过添加适量的石膏渣，可以改善水泥砂浆的工艺性能和使用性能。石膏渣可以调节砂浆的凝结时间、流动性和黏结性，提高砂浆的可加工性和施工性能。

需要注意的是，石膏渣的添加量和添加方式需要根据具体的水泥配方和应用要求进行调整。过高或过低的添加量可能会对水泥的性能产生负面影响。因此，在水泥生产中应严格控制石膏渣的添加量，并进行充分的试验和评估。

石膏渣作为水泥砂浆的改性剂也受到了广泛的研究和应用。以下是主要研究的方向及成果情况。

（1）石膏渣对水泥砂浆性能的影响。研究者们通过添加不同掺量的石膏渣到水泥砂浆中，研究其对砂浆的物理性能、力学性能和耐久性能的影响。研究结果表明，适量添加石膏渣可以改善水泥砂浆的工作性能、提高抗裂性能、增强强度和耐久性。

（2）石膏渣对水泥砂浆水化反应的影响。研究者们对石膏渣在水泥砂浆中的水化反应进行了深入研究。他们研究了石膏渣的矿物组成、水化产物形成过程以及与水泥中其他成分的相互作用等，揭示了石膏渣对水泥砂浆水化反应的调控作用。

石膏渣在水泥工业中的应用可以改善水泥的性能、降低生产成本、减少对天然资源的依赖，并对环境保护和可持续发展做出贡献。

二、农业方面

在各种土壤和水文地质条件下，天然石膏和很多石膏渣都可作为土壤改良剂使用。石膏渣具有给农作物提供营养、土壤保水性的物理调节剂、修复钠质（高钠）土壤，以及减少养分和水土流失等功效。同所有肥料和化学试剂施用一样，在决定是否使用石膏渣之前，需要考虑一系列因素。石膏渣并不适用于所有的土壤和作物。在施用前，应根据特定的土壤改良目标确定适当的施用量，且不超过某些成分（重金属等）的使用量限制。石膏渣在农业领域有多种应用，主要包括土壤改良、养分供应和农作物生长促进。以下是石膏渣在农业方面的一些主要应用。

（一）土壤改良

石膏渣可以改善土壤结构和性质，特别是对于黏土土壤、板结土壤、碱性土壤具有显著的改良效果。石膏渣能够改善土壤的透水性和通气性，减少土壤的黏性，增加土壤的孔隙度，从而提高土壤的保水性和保肥能力。主要原因是石膏渣比其他富含钙的土壤改良剂更易溶于水，因此更容易在土壤中移动。石膏中的钙离子替换了土壤中多余的钠离子和其他离子，使得这些离子更容易在土壤中移动和扩散。钙离子减少土壤颗粒的分散促进黏土粒子的聚合，这样可以改善土壤结构和稳定性，防止土壤板结，减少结壳和更好的颗粒聚集，使水分更容易渗入和储存在土壤中，从而减少地表径流和土壤侵蚀。土壤结构的改善也有利于出苗和根系下扎，作物能利用到土壤更深层储存的水分。巴西学者米恰洛维奇·莱昂德罗（Michalovicz）等人研究发现，在干旱期，磷石膏可以通过提供基本阳离子和降低 Al^{3+} 有效性来改善土壤肥力，当磷石膏用量在 $4.0 \sim 6.1$ Mg/ha 时，可以增加禾本科作物的产量。

（二）钙、硫供应

石膏渣是一种富含钙和硫的肥料。钙是植物生长和发育所必需的元素，可以促进植物细胞的分裂和伸长，增强植物的抗病能力。硫是植物合成蛋白质和酶的重要成分，对植物的生长和产量具有重要影响。石膏渣的施用可以补充土壤中的钙和硫元素，提供植物所需的养分。

（三）酸碱调节

石膏渣可以调节土壤的酸碱性，特别是对于碱性土壤具有较好的调节效果。石膏渣中的钙离子可以与土壤中的碱性离子结合，形成较稳定的盐类，从而降低土壤的 pH 值，改善土壤的酸碱平衡。中国农科院南京土壤研究所用磷石膏改良土壤，使土壤理化性能得到改善，pH 值降低，表层代换性钠含量减少。中国科学院与内蒙古农科院合作进行大田实验，一次性施入磷石膏 15 t/hm²，有效降低土壤碱性，pH 值由 9.9 降至 8.2。

（四）铝毒抑制

石膏渣可以减轻土壤中的铝毒害对植物的影响。铝毒害是一种常见的土壤毒害问题，会对植物的根系和生长发育造成损害。石膏渣中的钙离子可以与土壤中的铝离子结合，形成不溶性的铝石膏配合物，从而减少铝离子对植物的毒害作用。肖厚军等人利用磷石膏改良强酸性黄壤后，土壤铝毒被大大抑制。

（五）水土保持

石膏渣的施用可以改善土壤的结构和稳定性，增加土壤的抗侵蚀能力，从而起到一定的水土保持作用。特别是在施用石膏渣后，土壤的透水性和抗风蚀能力会得到明显提高。阿联酋学者纳希德·哈利法（Nahid Khalifa）研究发现，当盐碱土中添加脱硫石膏后，能够提高土壤入渗率、导水率和持水能力。

需要注意的是，石膏渣的施用应根据具体的土壤类型、作物需求和当地的农业实践情况进行合理调整和控制。

三、石膏建材产品

磷石膏在不同条件下脱水变成为 α 型和 β 型半水石膏可被用于生产各类石膏建材，各建材石膏中主要成分的转变过程如下。

（1）二水石膏在液体或蒸气压下：

$$CaSO_4 \cdot 2H_2O \xrightarrow{150 \sim 160\ ℃} \alpha\text{-}CaSO_4 \cdot 1/2H_2O$$

（2）二水石膏在常压的干燥条件下：

$$CaSO_4 \cdot 2H_2O \xrightarrow{120 \sim 140 \ ℃} \beta\text{-}CaSO_4 \cdot 1/2H_2O \xrightarrow{170 \sim 190 \ ℃} \beta\text{-}CaSO_4 \ Ⅲ$$

$$\beta\text{-}CaSO_4 \ Ⅲ \xrightarrow{320 \sim 360 \ ℃} CaSO_4 \ Ⅱ\text{-}S \ 和$$

$$CaSO_4 \ Ⅱ\text{-}u \xrightarrow{400 \sim 700 \ ℃} CaSO_4 \ Ⅰ$$

其中 $\beta\text{-}CaSO_4 \cdot \dfrac{1}{2}H_2O$ 为建筑石膏的主要成分，广泛应用于各类建材石膏制品的生产；粉刷石膏的主要成分是 $CaSO_4Ⅱ\text{-}s$；模型石膏主要成分为 $\alpha\text{-}CaSO_4 \cdot \dfrac{1}{2}H_2O$。石膏建材制品种类繁多，主要包括纸面石膏板、纤维石膏板、装饰石膏板、石膏砌块及粉刷石膏等，其中中国纸面石膏板的应用居于世界首位，年产量达到390万吨，占建筑石膏总量的65%，其次是石膏砌块和粉刷石膏。

（一）纸面石膏板

纸面石膏板也称为石膏板，它是一种常见的建筑材料，它由石膏渣和纸面构成。纸面石膏板具有轻质、隔声、隔热和耐火等特点，被广泛应用于住宅、办公楼、商场、酒店、厂房等建筑领域的室内隔墙、天花板和装饰面板。纸面石膏板具有以下优点。

（1）轻质。纸面石膏板相对较轻，方便搬运和安装。

（2）隔声和隔热。纸面石膏板具有良好的隔声和隔热性能，可以有效减少声音传播和热量传递。

（3）耐火。石膏渣本身具有良好的耐火性能，使纸面石膏板在火灾发生时能够提供一定的防火保护。

（4）施工方便。纸面石膏板可以通过切割、钉击和粘贴等简单的施工方法进行安装，施工速度较快。

（5）装饰性好。纸面石膏板表面平整光滑，可以直接进行涂料、贴瓷砖、壁纸等装饰处理，增加室内的美观性。

纸面石膏板在建筑领域得到广泛应用，提供了一种方便、轻质、多功能的内部隔墙和天花板解决方案。

目前，我国已经是全球最大的纸面石膏板生产和消费国。纸面石膏板可分为纤维石膏板、无面纸石膏板、石膏空心条板、装饰石膏板等。近年来，我国石膏板产量保持稳定增长。数据显示，截至2021年底全国石膏板产量约35.1亿平方米，同比增长4.78%，至2023年产量增至为37.3亿平方米。2018—2023年中国石膏板产量趋势如图1-17所示。

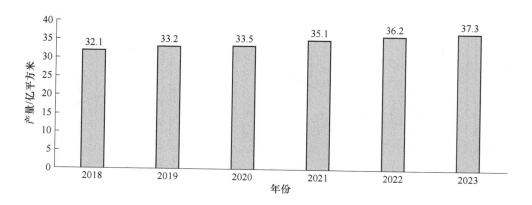

图1-17　2018—2023年中国石膏板产量趋势

（二）抹灰石膏

抹灰石膏是一种用于墙面抹灰的建筑材料，它由石膏渣和其他添加剂组成。抹灰石膏具有良好的黏结性能和抗裂性能，常用于墙面的平整和修补工程。抹灰石膏的优点如下。

（1）黏结性能。抹灰石膏具有良好的黏结性能，能够牢固地附着在墙面上，提高墙体的强度。

（2）抗裂性能。石膏渣具有一定的柔韧性，能够抵抗墙体的收缩和扩张，减少裂缝的产生。

（3）平整度。通过抹灰石膏可以使墙面表面变得平整，修饰墙体表面的不平整和缺陷。

（4）施工方便。抹灰石膏的施工相对简单，可以使用手工或机械进行操作，提高施工效率。

抹灰石膏在建筑装修中广泛应用，用于墙面的平整和修补，提供了一种方便、高效的装修解决方案。2010—2022年国内抹灰石膏用量，如图1-18所示。

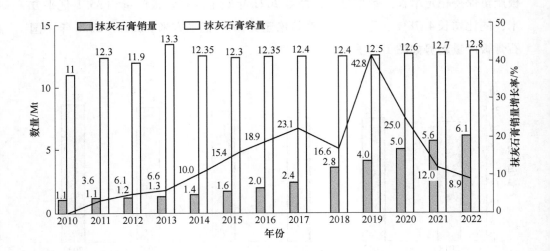

图 1-18　2010—2022 年国内抹灰石膏用量

（三）高强石膏

高强石膏是一种特殊类型的石膏制品，具有较高的强度和硬度。它通常由石膏渣和其他添加剂组成，通过特殊的工艺处理而成。

高强石膏相比普通石膏具有以下特点。

（1）高强度。高强石膏的强度较普通石膏更高，能够承受更大的压力和荷载。

（2）高硬度。高强石膏的硬度较普通石膏更高，表面更坚硬，不容易被刮擦或损坏。

（3）较低的收缩率。高强石膏在干燥过程中的收缩率较低，减少了可能出现的开裂问题。

（4）耐水性能。高强石膏通常具有较好的耐水性能，不容易受潮或溶解。

高强石膏的应用范围广泛，常见的应用领域如下。

（1）建筑装饰。高强石膏可以用于制作装饰构件、花瓶、雕塑等艺术品，具有较好的强度和细节表现能力。

（2）建筑修复。在建筑修复和翻新过程中，高强石膏可以用于修补和加固墙体、天花板等部位，提高结构的稳定性和强度。

（3）工业制品。高强石膏可以用于制造工业制品，如模具、模板、工艺品等，因其强度和硬度较高，能够满足特定的工业需求。

需要注意的是，高强石膏在施工过程中需要按照相关规范和操作要求进行处理，以确保其性能和使用效果。2012—2022 年我国 α 高强石膏产量，如图 1-19所示。

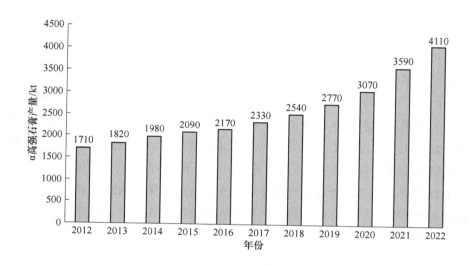

图 1-19　2012—2022 年我国 α 高强石膏产量

第四节　工业副产石膏综合利用相关政策法规及标准规范

磷石膏作为主要大宗固体废物之一，已经引起国家和地方各级政府部门的高度重视，尤其是长江经济带作为磷石膏的主要产地，加大磷石膏的处理处置力度已刻不容缓，关系到国家生态文明建设和长江经济带建设的顺利推进。

一、相关政策法规

磷石膏作为工业副产石膏的主要来源之一，也是主要大宗固体废物之一，备受各级政府的关注，尤其是近年来国家对大宗固体废物的处理处置与资源化利用的高度重视，出台了一系列相关政策，为磷石膏等大宗固体废物的处理处置指明了方向。关于磷石膏的资源化利用途径，国家也指出了明确的发展方向。

2011 年，工业和信息化部（简称工信部）发布的《工业副产石膏综合利用指导意见》（简称《意见》）指出，脱硫石膏和磷石膏的产生量约占全部工业副产石膏总量的 85%。当时的工业副产石膏累积堆存量已超过 3 亿吨，其中 70% 以上是磷石膏。磷石膏的危害性大，主要原因是大量堆存占用宝贵的土地资源，而其中的有价资源未得到有效利用，造成资源浪费，而且磷石膏中含有酸性及其他有毒有害物质，会对生态环境造成严重污染。《意见》指出，磷石膏经过科学处理，可用于替代天然石膏。开展磷石膏的综合利用是解决磷石膏造成的环境污染和安全隐患的治本之策。

"十三五"期间，国务院《"十三五"国家战略性新兴产业发展规划》明确要求，大力推动大宗固体废物和尾矿综合利用，推动磷石膏等产业废弃物的综合利用。随后工信部发布了《工业副产石膏综合利用指导意见》和《关于推进化肥行业转型发展的指导意见》，其中提到，磷石膏综合利用技术主要有磷石膏生产水泥缓凝剂及新型石膏建材产品技术、改进型磷石膏制硫酸技术、利用磷石膏和钾长石生产钾硅钙肥技术、硫酸低位热能回收技术等。努力提升磷石膏开发利用水平，到 2020 年，磷石膏综合利用量从目前产生量的 30% 提高到 50%。

2018 年，国家提出了"无废城市"建设，《"无废城市"建设试点工作方案》明确以磷石膏等为重点，在严格控制磷石膏增量的基础上，逐步解决存量问题。推广实施"以用定产"政策，通过产消平衡等措施控制磷石膏总量。彻底调查和整治磷石膏堆存场所，逐步消纳，减少历史堆存总量。

2018 年，贵州印发《贵州省人民政府关于加快磷石膏资源综合利用的意见》，在全国率先实施磷石膏"以渣定产"，按照"谁排渣谁治理，谁利用谁受益"原则，以壮士断腕的决心倒逼磷化工企业加快磷石膏资源综合利用和转型升级。同时，先后出台了全国首部《磷石膏建筑材料应用统一技术规范》和《贵州省住房和城乡建设领域"十三五"推广应用和限制、禁止使用技术目录》（第一批）等政策文件，从顶层设计、政策措施、专项奖补、工作考核等方面，为大力推进磷石膏新型建材的推广应用提供了保障。

长江经济带作为磷石膏的主要产地，磷石膏的废弃物对当地地域环境和人民健康构成了严重威胁。2019 年，生态环境部发布《长江"三磷"专项排查整治行动实施方案》，强调长江经济带"共抓大保护、不搞大开发"的战略部署，解决长江经济带区域部分水环境总磷超标问题，规范管理涉磷企业，从源头消除磷石膏造成的水环境隐患，指导湖北等7省（市）开展综合排查整治。长期监测磷石膏库地下水，有效收集渗滤液，安全处理，达标排放，加大对磷石膏堆场的防护以及推进磷石膏的综合利用。

"十四五"发展规划提出了关于磷石膏的综合治理措施和阶段目标，给出了明确的发展规划。《"十四五"原材料工业发展规划》指出，全面推进原材料工业固废综合利用，鼓励在全国范围内实施磷石膏等工业固废"以渣定产"的管理措施。在国家发展和改革委员会（简称"国家发改委"）印发的《推进大宗固体废弃物综合利用产业集聚发展》和《开展大宗固体废弃物综合利用示范》提出的目标是到2025年，建设50个磷石膏等大宗固废综合利用示范基地，实现综合利用率超过75%，用磷石膏取代天然石膏，实现资源化利用，鼓励磷石膏综合利用产业集群发展。

2021年3月，国家发改委发布的《关于"十四五"大宗固体废弃物综合利用的指导意见》指出：要拓宽磷石膏综合利用途径，一方面加大推广磷石膏在生产水泥和新型建筑材料等领域的应用，另一方面在符合环境要求的前提下，探索磷石膏应用于土壤改良、路基材料等领域；进一步鼓励磷石膏等大宗固废应用于绿色建筑，如制成新型墙体材料、装饰材料等；并将新型墙体材料应用到乡村公共基础设施建设中，支撑乡村建设行动。

2021年7月，《"十四五"循环经济发展规划》明确进一步拓宽磷石膏等大宗固废资源化利用渠道，尤其是扩大在生态修复、绿色建材等应用领域的利用规模，用大宗固废替代原生资源，减少对原生资源的开采利用。

2021年12月，工业部印发的《"十四五"工业绿色发展规划》明确长江经济带中上游地区加强磷石膏等资源综合利用，推动磷石膏在建筑材料生产、基础设施建设等领域的规模化应用。2021年12月，生态环境部等部门发布的《"十四五"时期"无废城市"建设工作方案》，计划到2025年建成100个左右"无废城市"，再次指出推动磷石膏等大宗工业固体废物在提取有价组分，生产绿色建材、筑路、生态修复、土壤治理等领域的规模化利用。

2022年2月10日，工业和信息化部、国家发展和改革委员会、科学技术部、财政部、自然资源部、生态环境部、商务部、国家税务总局八部门近日联合印发《关于加快推动工业资源综合利用的实施方案》指出，加快推进尾矿（共伴生矿）、粉煤灰、煤矸石、冶炼渣、工业副产石膏、赤泥、化工废渣等工业固废在有价组分提取、建材生产、市政设施建设、井下充填、生态修复、土壤治理等领域的规模化利用。明确到 2025 年钢铁、有色、化工等重点行业工业固废产生强度下降，大宗工业固废的综合利用水平显著提升，再生资源行业持续健康发展，工业资源综合利用效率明显提升。力争大宗工业固废综合利用率达到 57%，其中，冶炼渣达到 73%，工业副产石膏达到 73%，赤泥综合利用水平有效提高。主要再生资源品种利用量超过 4.8 亿吨，其中废钢铁 3.2 亿吨，废有色金属 2000万吨，废纸 6000 万吨。工业资源综合利用法规政策标准体系日益完善，技术装备水平显著提升，产业集中度和协同发展能力大幅提高，努力构建创新驱动的规模化与高值化并行、产业循环链接明显增强、协同耦合活力显著激发的工业资源综合利用产业生态。

2022 年 4 月，国家发改委等 6 部门联合印发了《关于"十四五"推动石化化工行业高质量发展的指导意见》，鼓励企业采用清洁生产技术装备改造提升，从源头促进工业废物"减量化"，推动石化化工与建材、冶金、节能环保等行业耦合发展，提高磷石膏、钛石膏、氟石膏等工业副产石膏、电石渣、碱渣等固废综合利用水平。

2022 年 5 月 26 日，湖北省十三届人大常委会第三十一次会议表决通过《湖北省磷石膏污染防治条例》（以下简称《条例》），自 2022 年 9 月 1 日起施行。采取"小切口"立法形式，不分章节，共 25 条。磷石膏污染防治涉及多部门、多层级。《条例》理顺磷石膏污染防治体制，强化属地管理责任、部门监管责任，规定省人民政府统一领导本省行政区域内磷石膏污染防治工作，各级人民政府负责本行政区域内磷石膏污染防治工作；生态环境主管部门对本行政区域内磷石膏污染防治工作实施统一监督管理。这是全国首部防治磷石膏污染的地方性法规，紧扣磷石膏全链条治理、综合性防治，明确磷矿开采、磷化工、磷石膏无害化处理和安全堆存等各环节监管重点，压实政府、企业、相关参与方等各方责任，促进磷石膏污染防治和综合利用。

2022 年 8 月 31 日，云南省制定印发《云南省工业固体废物和重金属污染防治"十四五"规划》，要求严格落实工业副产石膏等工业固体废物综合利用技术和产品标准，规范工业固体废物综合利用行业发展。拓宽磷石膏利用途径，推广磷石膏在生产水泥和新型建筑材料等领域的利用，探索磷石膏在土壤改良、生态修复、路基材料等领域的应用，鼓励水泥、制砖等建材企业优先使用磷石膏等工业固体废物作为替代原料。

2022 年 12 月 23 日，昆明市政府办公室发布《加快推动磷石膏综合利用二十条措施》，《二十条措施》遵循了"减量化、资源化、无害化"的原则，按照"政府引导、企业主体、以用促产"的思路，紧扣环保督察反馈问题的整改要求，从加强污染防治、促进源头减量、推动综合利用、加强推广应用、实施政策支持、认真组织落实六个方面明确了各职能部门、各相关县市区政府及磷化工企业在加快推动磷石膏综合利用过程中的工作重点、任务区分、扶持政策及责任落实等内容。

2023 年 7 月 24 日，云南省住房城乡建设厅等十三部门联合印发《云南省磷建筑石膏建材产品推广应用工作方案》，指出要积极开展磷建筑石膏建材产品应用、技术推广试点示范，优先支持符合标准的磷建筑石膏建材申请绿色建材产品认证；积极鼓励建设单位、设计单位采用磷建筑石膏建材，鼓励市政及道路工程、公共建筑、保障性住房、城市更新改造项目等政府投资建设项目使用磷建筑石膏建材。针对生产磷建筑石膏建材和综合应用磷建筑石膏建材的房屋市政设施及道路工程项目，在规划许可、环保测评、项目施工等方面开通"绿色通道"予以支持。

二、相关标准规范

《用于水泥中的工业副产石膏》（GB/T 21371—2019）国家标准于 2019 年 10 月 18 日发布，2020 年 9 月 1 日正式实施。

2022 年 3 月，云南省住房城乡建设厅印发《云南省磷石膏建筑材料应用技术导则（试行）》。

2022 年 4 月 1 日工信部建材行业标准《钛石膏》（JC/T 2625—2021）正式发布实施。

2022 年 6 月 9 日湖北省经济与信息化厅等五部门联合发布《磷石膏无害化处理技术规程（试行）》。

中国工程建设标准化网发布《道路过硫磷石膏胶凝材料稳定基层技术规程》，2022 年 9 月 1 日起施行。这是全国首个磷石膏道路材料应用标准。《技术规程》由武汉理工大学、宜昌市建筑节能推广中心等单位编制，经中国工程建设标准化协会公路分会组织审查，批准发布。据悉，宜昌市在近 20 条市政道路开展磷石膏水稳层应用试验，积累大量试验数据，为该标准的编制提供充实完备的理论和实践基础。

由中国建筑材料联合会石膏建材分会、建筑材料工业技术情报研究所等单位负责起草的行业标准《柠檬酸石膏》（JC/T 2649—2022）于 2022 年 9 月 30 日正式发布，并将于 2023 年 4 月 1 日实施。本标准的制定，符合国家提出的提升大宗固废综合利用率，减少大宗固废存量的发展目标。通过柠檬酸石膏行业标准的制定，有利于规范柠檬酸上游生产企业的产品排放，促进下游石膏制品企业的综合利用，推动石膏建材产业转型升级，助力柠檬酸石膏产业链的建设，形成绿色、健康、良性发展的石膏建材产业。柠檬酸石膏标准的制定，提升了我国工业副产石膏行业的整体科技水平，促进了柠檬酸等有机酸行业的可持续发展，推动工业转型升级。柠檬酸石膏标准文件作为一项资源再利用的原料标准文件，进一步规范有机酸（含柠檬酸、乳酸等）副产硫酸钙的质量要求，有利于拓展有机酸产业链的延伸。

由中国建筑材料联合会石膏建材分会、建筑材料工业技术情报研究所等单位负责起草的行业标准《石膏保温砂浆》（JC/T 2706—2022）于 2022 年 9 月 30 日正式发布，并将于 2023 年 4 月 1 日实施。石膏保温砂浆是以石膏为胶凝材料，添加无机轻集料和外加剂制成的，用于建筑物墙体、楼板和顶棚保温隔热的干拌混合物。它是一种轻质保温砂浆，具有保温隔热、防火、隔声、质量轻、强度高、黏结性强、收缩值小、易粉刷、和易性好、不空鼓、造价低等特点，被广泛应用于建筑物室内非潮湿墙体、楼板和顶棚保温层。石膏保温砂浆是一种新型节能绿色建材，相较于传统的水泥基保温砂浆，其保温性能和轻质的优势更为突出，如能得到广泛应用，将对我国建筑节能改革起到巨大推动作用。石膏保温砂浆在生产过程中的能源消耗量和碳排放量也远远低于同类其他砂浆制品，符合我国建材工业高质量发展、推进碳达峰与碳中和战略目标要求。

2022 年 11 月 1 日安徽省经济和信息化厅发布《磷石膏等工业副产石膏综合利用技术工艺及应用案例》，旨在落实《中华人民共和国固体废物污染环境防治法》，切实做好磷石膏综合利用的指导工作，指导工业副产石膏综合利用企业开展实际应用，文件汇集的一批磷石膏等工业副产石膏综合利用技术工艺及应用案例如下：

（1）耐水石膏基自流平砂浆工艺技术；

（2）改性工业副产石膏隔墙条板工艺技术；

（3）石膏现浇墙技术；

（4）工业副产石膏（磷石膏、脱硫石膏）干法生产高强度石膏工艺及装备；

（5）钛石膏资源化利用技术成套装备；

（6）工业副产石膏资源化综合利用成套技术及装备；

（7）JPS—20 石膏墙板自动化生产线。

2022 年 12 月 26 日贵州省地方标准《磷石膏砂浆喷筑复合墙标准图集（第三部分）：原位模板——磷石膏砂浆喷筑复合墙体》（黔 2022/T123）作为贵州省标准设计图集正式实施。原位模板磷石膏砂浆喷筑复合墙体是以工业化建造方式为基础的空腔骨架型墙体，即将原位模板、辅件、填充材料通过现场装配后与建筑内装系统、设备及管线系统协同设计、标准化生产和模块化施工的墙体系统。该墙体属于装配式墙体，可按非砌筑墙体计入装配建筑评分。同时，通过墙体工艺的优化，以机械喷筑或灌筑的方式完成墙体的施工，可实现绿色文明施工，提升施工效率，缩短工期，节约人工成本等效果。

2023 年 2 月 27 日，由贵州省建筑设计研究院有限责任公司主编的《磷石膏砂浆喷筑复合墙标准图集（第二部分）：PVC 空腔内模——磷石膏砂浆喷筑复合墙体》（黔 2023/T124）经贵州省住房城乡建设厅组织专家评审通过，作为贵州省标准设计图集正式实施。

2023 年 5 月 28 日，由中南安环院与湖北省交通规划设计院联合主编的湖北省地方标准《公路磷石膏复合稳定基层材料应用技术规程》（DB42/T 1991—2023）正式发布实施，这是全国首部公路磷石膏复合稳定基层地方标准。该标准是在总结近年来湖北省公路磷石膏复合稳定路面基层应用经验和相关科研成果，在充分分析论证和广泛征求省内外公路、环保等行业专家意见的基础上制定的。标准规定了磷石膏复合稳定材料在公路基层中应用的原材料、混合料组成设计、路面结构及防水排水设计、施工、施工质量管理和检查验收、环境质量检测与监测等方面的内容。该标准的制定符合国家绿色环保产业政策和湖北省委、省政府的政策要求，对规范、促进工业固废磷石膏在公路复合稳定基层中的推广应用，提高磷石膏循环利用率，具有重要的现实意义。

目前，石膏及石膏综合利用的相关标准规范还在不断编制和完善过程中，由中国建筑材料联合会石膏建材分会负责正在组织编写的一批与石膏相关的标准如下：

（1）工信部建材行业标准，《石膏条板应用技术规程》《石膏及石膏制品术语》《石膏用缓凝剂》《玻璃纤维石膏板》《氟石膏》《纸面石膏板成套生产装备通用技术要求》《石膏复合材料建筑楼板隔声保温工程技术规范》《现浇混凝土空心结构用石膏模盒应用技术规程》《Ⅱ型无水石膏胶凝材料》《石膏墙板》等；

（2）行业团体标准，《抹灰石膏用玻化微珠》《Ⅱ型无水石膏》《α型高强石膏》《室内饰面用石膏腻子应用技术规程》《建筑装饰用不燃级钛饰面板》《超硫酸盐水泥》《石膏板行业数字化工厂评价要求》《塑料母粒和橡胶填充用石膏》《产品说明书　石膏腻子》《建材产品追溯　抹灰石膏》《建材产品追溯　石膏基自流平砂浆》《基于项目的二氧化碳减排量评估技术规范　石膏砂浆应用替代项目》《基于项目的二氧化碳减排量评估技术规范　石膏板应用替代项目》《产品生命周期评价技术规范　石膏制品》《石膏晶须》《产品碳足迹　产品种类规则　石膏制品》《二氧化碳排放核算与报告要求　建筑石膏生产企业》《低碳产品评价技术规范　石膏制品》等。

第二章 有色金属冶炼行业副产石膏

第一节 有色金属冶炼行业副产石膏的来源及特点

有色金属冶炼行业副产石膏是指在有色金属冶炼过程中产生的石膏渣，如图 2-1 所示。有色金属冶炼行业主要包括铜、铝、锌、镍等金属的冶炼过程，这些金属的冶炼方法和流程有所不同，但通常包括以下步骤。

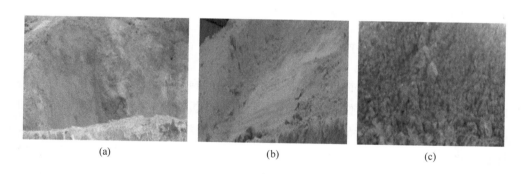

(a)　　　　　　　　　(b)　　　　　　　　　(c)

图 2-1　有色金属冶炼产生的石膏渣

（a）预中和石膏渣；（b）污酸石膏渣；（c）钛石膏渣

（1）原料准备，根据所需冶炼的金属类型，准备合适的矿石或金属原料，并进行初步的破碎和粉碎处理，以使其达到冶炼所需的颗粒度。

（2）选别与浮选，利用物理和化学方法将有用物质和无用物质分离，例如通过重选、浮选等方法将目标金属分离出来。

（3）烧结，将选别和浮选后的原料经过加热处理，使其在高温下形成块状物。

（4）冶炼，将烧结后的原料放入冶炼炉中进行加热处理，提取出目标金属。不同种类的有色金属需要不同的冶炼方法。例如，铜可以采用火法冶炼或电解法冶炼，而锌则需要采用电解法冶炼。

（5）精炼和铸造，将粗金属进行精炼和铸造，以得到高纯度、高密度的金属锭或铸件。

（6）副产物的处理，在冶炼过程中会产生一些副产物，例如废气、废渣等，需要进行相应的处理，以减少对环境的影响。

这些步骤是基本的冶炼过程，但具体的冶炼方法和流程可能会因不同的金属类型、不同的冶炼设备和不同的工艺条件而有所不同。副产物包括中间产品、残渣、废气和废液。有色金属冶炼过程中会产生大量的废气，其中含有多种有害物质，需要进行处理以减少对环境的影响。也会产生大量的废酸，这些废酸需要进行处理以避免对环境造成污染。对于国内有色金属冶炼企业而言，其中一种常见的处理方法是采用分段处理的方式，将废酸中的有用物质提取出来，同时产生硫化渣、石膏、中和渣等废渣。其中，石膏渣主要是通过废酸处理过程中产生的化学反应形成的，主要成分是硫酸钙。

一、硫酸法钛白粉副产石膏的来源及特点

钛白粉被认为是目前世界上性能最好的白色颜料之一，相对于其他白色涂料面积较小。不但物理化学性质十分稳定，还具有高折射率、高遮盖力、高白度和高光亮度等优良的光学性能，广泛应用于涂料、塑料、造纸、化纤、印刷油墨、橡胶、化妆品等行业，2016 年至 2022 年中国钛白粉总产量如图 2-2 所示，2022年中国各类钛白粉总产量 386.1 万吨，2023 年中国钛白粉的产能达到 520 万吨。钛白粉（TiO_2）的生产工艺主要有氯化法钛白和硫酸法钛白两种。氯化法是用含

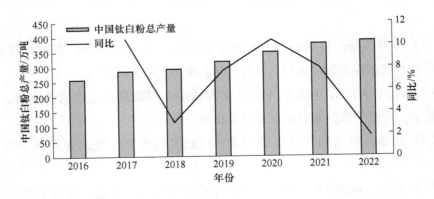

图 2-2　2016—2022 年中国钛白粉总产量

钛的原料，以氯化高钛渣、人造金红石或天然金红石等与氯气反应生成四氯化钛，经精馏提纯，然后再进行气相氧化；在速冷后，经过气固分离再经过洗涤和粉碎得到金红石型钛白粉，其工艺流程，如图2-3所示。硫酸法是将钛精矿与浓硫酸进行酸解反应生产硫酸氧钛，经水解生成偏钛酸，再经煅烧、粉碎即得到钛白粉产品，硫酸法可得到锐钛型钛白粉，再经后加工后得金红石型钛白，其工艺流程，如图2-4所示。

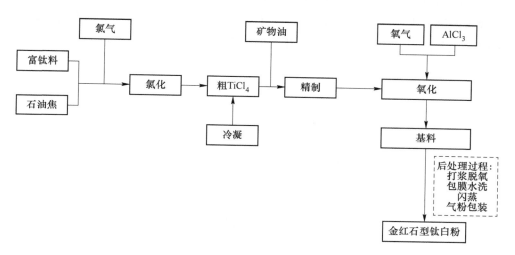

图2-3 氯化法钛白粉生产工艺

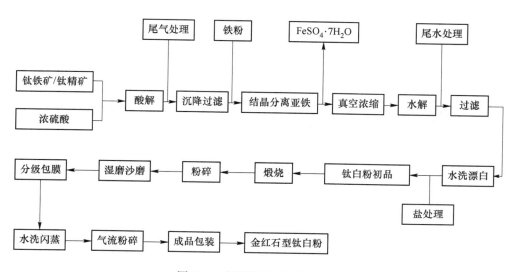

图2-4 硫酸法钛白粉生产工艺

　　硫酸法钛白粉已有近百年的历史，因其工艺路线成熟、设备装置强度要求低、原料品位要求低，同时可以生产锐钛和金红石两种晶型的钛白粉，至今钛白硫酸法仍然应用广泛。目前中国 90% 左右的钛白粉的生产仍以硫酸法为主，受环保政策的影响，我国硫酸法 2022 年占到 87.3%，较 2021 年减少 7.68 万吨，如图 2-5 所示。但生产过程产生酸浸液，对环境造成危害，现对其中产生的废酸通常采用向溶液中加碳酸钙或氧化钙或电石渣的方式将所含废酸中和，通过中和生成硫酸钙，中和反应结束后即得到含有氢氧化铁、二氧化钛的二水石膏，即钛石膏，工艺流程，如图 2-6 所示。化学原理见式（2-1）~式（2-4）。

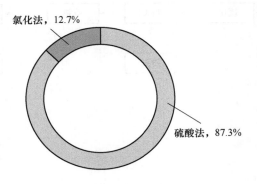

图 2-5　2022 年中国钛白粉产量分制备方法结构占比

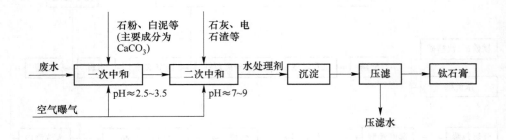

图 2-6　硫酸法钛白废水处理工艺流程

一次中和：

$$H_2SO_4 + CaCO_3 + H_2O \longrightarrow CaSO_4 \cdot 2H_2O + CO_2 \uparrow \qquad (2\text{-}1)$$

二次中和：

$$FeSO_4 + Ca(OH)_2 + 2H_2O \xrightarrow{\quad\quad} Fe(OH)_2 + CaSO_4 \cdot 2H_2O \quad\quad (2-2)$$

$$Fe_2(SO_4)_3 + 3Ca(OH)_2 + 2H_2O \xrightarrow{\quad\quad} Fe(OH)_3 + 3CaSO_4 \cdot 2H_2O \quad\quad (2-3)$$

$$4Fe(OH)_2 + O_2 + 2H_2O \xrightarrow{\quad\quad} 4Fe(OH)_3 \quad\quad (2-4)$$

通常采用白泥或石灰粉中和废水至 pH 值为 3 左右，然后再使用电石渣或石灰乳中和废水至 pH 值为 7~9，最后由于产生的钛石膏中含有 $Fe(OH)_3$，导致钛石膏呈现黄红色。

硫酸法钛白粉生产过程是目前钛石膏产生的唯一途径，重金属含量较低，按 GB 5086《固体废物进出毒性浸出方法》浸出液污染物低于 GB 8978《污水综合排放标准》限值，pH 值介于 6~9 之间。因此，钛石膏是一般工业固废Ⅰ类要求，不属于危险固体废弃物，未被列入《国家危险废物名录》。据统计，硫酸法生产 1 t 钛白粉产生的钛石膏为 1.1~1.2 t，全国每年约产生 3000 万吨。钛石膏的化学组成见表 2-1。

表 2-1　钛石膏的化学组成　　（%）

$w(CaO)$	$w(SO_3)$	$w(H_2O)$	$w(SrO)$	$w(MgO)$	$w(Al_2O_3)$	$w(Fe_2O_3)$	$w(Na_2O)$	$w(K_2O)$
29.97	42.84	18.69	0.01	0.28	13.25	8.69	0.08	0.02

钛石膏中几乎不含有机成分，也不含有重金属，主要成分为 $CaSO_4 \cdot 2H_2O$，主要杂质为 $Fe(OH)_3$ 和 $FeSO_4 \cdot 7H_2O$。钛石膏中含二水石膏 96% 以上，含金属钛 0.06%，含碱性物质，pH 值在 9 以上。

由于钛石膏中硫酸钙颗粒细小、游离水含量高等原因，钛石膏一直未能得到大规模的资源化利用。从本质上讲，钛石膏资源化利用难度大、成本高，缺乏市场竞争力。目前，钛石膏主要采用堆埋方式处理，占用土地，浪费大量的耕地资源，且造成环境污染，对钛白粉企业造成了巨大的经济负担。国内外对钛石膏资源化利用研究集中在水泥缓凝剂、复合胶凝材料、土壤改良剂、固定二氧化碳等方面。钛石膏主要有以下特点。

（1）保水性。钛石膏质地细腻，其粒度远小于脱硫石膏、磷石膏等常见工业副产石膏。具有良好的保水性。

（2）杂质种类少。杂质种类较其他工业副产石膏少，重金属含量低，含铁量高，颜色复杂。其主要杂质为铁和钛，含量均很低。但由于铁在不同价态下呈现不同颜色，因此，钛石膏颜色较为复杂，随铁元素氧化程度不同而呈现不同颜色，刚生产的黄泥呈灰褐色，伴随铁氧化逐渐转变为红黄色，因此，黄泥颜色具有复杂性和差异性。

（3）含水量高。由于钛石膏中铁通常以氢氧化亚铁和氢氧化铁胶体存在，同时铁的存在导致二水硫酸钙结晶粒度较细，在生产过程中，通常压滤机等设备脱水效果较差，钛石膏含水量很高，最高可达65%。高含水量限制了钛石膏的工业化利用。另外，由于钛石膏中铁主要以氢氧化铁的形式存在，铝主要以氢氧化铝形式存在，二者都以胶体形式存在，且在碱性条件吸附 OH^- 而带负电，带负电的胶体对带正电荷的重金属离子吸附作用较强，因此钛石膏可用于重金属污染的土壤改良。

（4）成分与天然土壤矿物相近。钛石膏中除有机质外，成分接近于天然土壤矿物成分，特别是与天然黄泥成分较为接近。

基于钛石膏的水分和颜色问题，其利用率低于其他工业副产石膏，但由于其相对"清洁"，后期应用可有广阔空间。

二、铜冶炼副产石膏的来源及特点

中国作为铜的消费中心，铜的产量居世界首位。据 WBMS 公布的最新报告显示，2022 年全球精炼铜总产量为 2508.48 万吨，全球精炼铜消费量为 2599.18 万吨，全球精炼铜市场供应短缺 90.7 万吨，如图 2-7 所示。中国是全球最主要的精炼

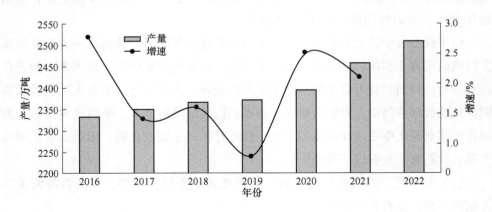

图 2-7　2016—2022 年全球精炼铜产量

铜产量增长贡献国，2022 年中国精铜产量在全球占比达到 43.1%，位居世界首位。产量排名前十的其他国家合计精铜产量为 983.4 万吨，未超过中国精铜产量。此外，刚果（金）产量增长较快，2022 年产量达到 181 万吨，同比增长21.3%，居世界首位，如图 2-8 所示。而 2022 年中国精铜产量达到 1106.2 万吨，同比增长 5.7%。目前中国冶炼产能仍处于高速扩张期，精铜产量将保持在较高水平。2022 年中国精炼铜表观消费量 1606.9 万吨，较上年增长了 107.1 万吨，处于稳步增长态势，如图 2-9 所示。

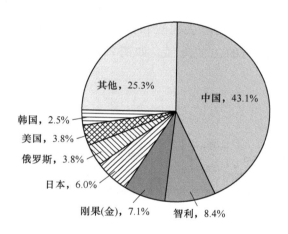

图 2-8　2022 年全球精炼铜产量分布

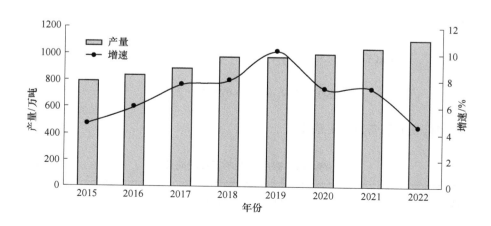

图 2-9　2015—2022 年中国精炼铜产量

　　铜冶炼行业的副产品种类众多，据统计，全球每年约产生4000万吨铜冶炼渣，其中副产石膏渣就达60万吨，也称为脱硫石膏。据《国家危险废物名录（2021年版）》规定，脱硫石膏渣属于一般固废，且资源属性较贫乏。在生态环境部2022年最新发布的《危险废物环境管理指南铜冶炼》中，将石膏从危险废物中删除。现有处理处置方法主要为堆存填埋，或作为建材原料用于墙板或水泥沥青混凝土等生产，或作为土壤改良剂。铜冶炼过程中产生大量的二氧化硫烟气用于生产工业硫酸。因烟气中含有三氧化硫、铜、砷和氟等杂质，制酸前需采用净化设备对烟气进行洗涤净化，得到的洗涤液进入废酸、废水处理工艺。在处理过程中，为除去硫酸和氟，需添加碳酸钙，此时会得到工业副产品石膏，石膏产出的工艺流程，如图2-10所示，其原理见式（2-5）~式（2-6）。

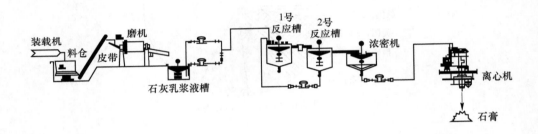

图 2-10　铜冶炼石膏渣生产工艺流程

废酸中和过程中，主要发生以下反应：

$$CaCO_3 + H_2SO_4 + H_2O \rule[0.5ex]{1.5em}{0.4pt}\rule[0.3ex]{1.5em}{0.4pt} CaSO_4 + 2H_2O + CO_2\uparrow \tag{2-5}$$

$$CaSO_4 + 2H_2O \rule[0.5ex]{1.5em}{0.4pt}\rule[0.3ex]{1.5em}{0.4pt} CaSO_4 \cdot 2H_2O \tag{2-6}$$

中和得到的石膏成分见表2-2。

表 2-2　铜冶炼副产石膏的成分　　　　　　　　　　（%）

$w(CaO)$	$w(Cu)$	$w(S)$	$w(Fe)$	$w(As)$	$w(Cd)$	$w(SiO_2)$	$w(H_2O)$
32.52	0.39	19.37	0.36	0.01	0.01	3.46	20.58

铜冶炼副产石膏中的 Ca 元素主要以 $CaSO_4 \cdot 2H_2O$、CaF_2 等化合形态存在。加热石膏使其中的水分蒸发，或在一定温度条件下使结晶水基本全部失去后，$CaSO_4$ 受热分解为 CaO、SO_2 和 O_2。据此可将石膏进一步利用。

铜冶炼行业的副产品种类众多，应用范围广泛。比如，石膏可应用于水泥行业，其价格比天然石膏低廉；应用于建筑行业，根据不同需求制备其他建筑材料；应用于农业，便于改良土壤；应用于化工行业，制备硫酸钙晶须、碳酸钙和硫酸铵等化工产品。铜冶炼尾矿包含的有价金属可被回收利用，通过物理工艺处理的中和渣可以广泛应用于水泥制造、工业及民用建筑等行业，不仅会提高相关产品的质量，还能降低生产过程的能耗。其中，石膏不含任何有害物质，企业也提供了很多实证和说明。生态环境部对此征询时，相关协会和科研机构作出研究和验证，中国有色金属工业协会提供了基于科学研究的说明，最终取得成功。

三、湿法炼锌副产石膏的来源及特点

锌是一种浅灰色的过渡金属，也是第四"常见"金属。在现代工业中，锌是电池制造上不可替代、相当重要的金属。此外，锌也是我国重要的有色金属之一，在锌的直接消费方面，锌主要应用于镀锌，约占锌产业消费市场比例的 64%，中国锌产业直接消费领域占比，如图 2-11 所示。锌的用途较为分散，主要用于基础设施建设、建筑、汽车、日用消费品等领域。其中基础设施建设占国内锌消费的 1/3，铁塔、电气设备、板房、钢结构、公路护栏、桥梁等需要大量镀锌管、板、线材和结构件，中国锌产业终端消费领域占比，如图 2-12 所示。

在自然界中，锌以硫化矿和氧化矿存在，硫化矿占比较高，氧化矿一般是由于硫化矿的长期风化产生的伴生矿。矿石种类主要有闪锌矿、菱锌矿、异锌矿以及纤锌矿。矿山原料产品主要来自两个方面：锌矿、锌与其他金属的伴生矿以及再生锌。一般来说 90% 以上的锌源于矿山开采，全球 80% 以上的锌矿是需要从地下进行开采的，只有 8% 左右的矿山是使用露天开采。矿石品位方面，典型锌矿品位为 7% ~ 10%，高品位可达到 20%，主要的锌矿包括有闪锌矿等。2021 年以来我国锌产量持续增长，数据显示，2021 年我国锌产量为 656.1 万吨，同比增长 2.1%，如图 2-13 所示。

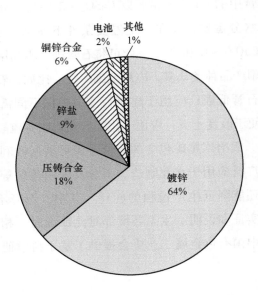

图 2-11　中国锌产业直接消费领域占比

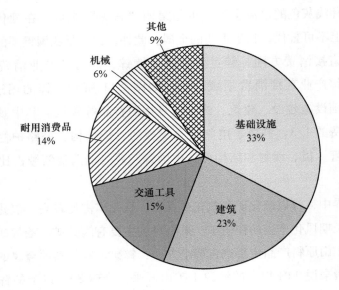

图 2-12　中国锌产业终端消费领域占比

现代炼锌方法分为火法炼锌和湿法炼锌，以湿法炼锌为主。

（1）锌冶炼工业副产石膏。有色金属冶炼行业是工业副产石膏的主要来源

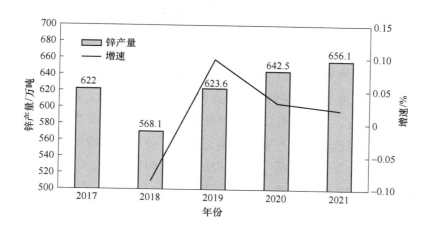

图 2-13 2017—2021 年中国锌产量及增速

之一，在有色金属冶炼过程中，水处理、烟气脱硫、溶液中和等过程均有工业副产石膏产出。锌冶炼是有色金属冶炼行业的重要组成部分，在锌湿法冶炼过程中，维持系统酸根平衡和污酸的处理均需采用石灰石将多余的硫酸除去，从而产生一定量的中和石膏。

（2）湿法炼锌过程中和石膏。锌冶炼工艺分为火法炼锌和湿法炼锌，其中湿法炼锌是目前的主流工艺，约占炼锌工艺的 85%。随着湿法炼锌工艺的不断发展，其不得不面对的锌铁分离问题也发展出多种工艺，主要有：黄钾铁矾法、针铁矿法和赤铁矿法。赤铁矿法是将溶液中的铁离子转化为赤铁矿（主要成分为 Fe_2O_3）沉淀分离的工艺，不仅实现了锌与铁的高效分离，而且产出的高品质赤铁矿进一步处理后可用作炼铁原料，是锌冶炼过程铁渣源头减排、资源化利用的典范工艺。采用赤铁矿法的前提是尽可能地将锌浸渣中的铁浸出到溶液中，这一过程需在高酸条件下进行，反应过程中铁与其他有价金属的化合物高效分解，但会导致溶液中的硫酸含量增加，为了维持湿法炼锌系统酸根平衡及利于后续赤铁矿除铁反应的进行，需将过剩的硫酸中和除去。石灰石是一种廉价、高效的中和剂，因此，锌冶炼厂采用石灰石作为中和剂将过剩的硫酸除去，但这一过程会产生一定量的中和石膏，年产 10 万吨锌锭规模的冶炼厂每年产出的中和石膏可达 6 万吨（干基）。这些中和石膏数量庞大，且由于产出的系统复杂，其杂质含量较高、成分复杂、性质不稳定，不利于综合利用，通常以堆存的形式处理，占用了大量的土地，且存在极大的环境污染风险。

（3）污酸处理过程中和石膏。锌冶炼过程硫化矿焙烧烟气中含有砷以及多种金属离子，砷在制酸过程中会引起催化剂中毒，对制酸工艺产生不利影响。因此，在制酸前采用浓度低于 5% 稀硫酸对烟气进行洗涤除杂，但在此过程中会产生大量酸性废水，并且烟气中的砷、锌、镉等杂质进入废酸，成为"污酸"。由于污酸的酸度较高，且含有有毒物质砷及重金属，若处置不当，将对人体、农业、水产和水环境造成极其严重的危害，因此，必须对污酸进行有效处理。目前，国内污酸的处理方法包括中和沉淀法、硫化物沉淀法、先中和后硫化沉淀法、先硫化后中和沉淀法、铁盐中和沉淀法等。无论污酸采用何种处理方法，均会产出中和石膏，且大多难以利用，如：中和沉淀法以石灰石为中和剂与污酸进行中和反应，污酸中的砷形成砷酸钙或亚砷酸钙、重金属形成氢氧化物沉淀进入到中和石膏中，导致中和石膏无法利用，若处置不当，将对环境造成极大危害；先硫化后中和沉淀法以硫化钠为硫化剂、石灰石为中和剂，污酸中的砷形成硫化砷沉淀脱除，重金属则形成氢氧化物沉淀进入中和石膏，中和石膏同样无法利用，同时还会产生大量硫化砷渣、带入钠离子增加水处理难度。

以某典型铅锌湿法冶炼为例，该企业共有两种石膏渣，一种是废酸处理产生的石膏渣，该渣主要来源于烟气制酸产生的污酸在处理过程中产生的石膏渣，也称为污酸石膏渣。由于污酸内含有砷、汞、铅、镉等重金属元素，因此，若在石膏渣生成前未进行过脱出重金属，则重金属将富集到石膏渣内，导致该渣成为危险废物；由于当前环境治理工艺技术的发展，污酸在进入水处理前已经有多种重金属脱出方案，如采用硫化氢法、硫化钠法等工艺，经调查，采用硫化氢法脱出污酸内的砷、汞、铅，脱出率可达到 99% 以上，因此，该企业采用硫化氢法脱出污酸内的重金属后，污酸在后期采样石灰石中和多余的酸后产生的污酸石膏渣品质稳定，根据《危险废物鉴别标准——浸出毒性鉴别》（GB 5085.3—2007）其酸性条件振荡浸出毒性均远远小于标准浓度限值，属于一般工业固体废物；由于脱出重金属后的污酸液体基本不含重金属，因此，在采用《固体废物浸出毒性浸出方法——水平振荡法》（HJ 557—2010）浸出获得的浸出液中任何一种特征污染物浓度均未超过 GB 8978 最高允许排放浓度（第二类污染物最高允许排放浓度按照一级标准执行），且 pH 值在 6~9。属于一般工业固废Ⅰ类，如图 2-14 所示。

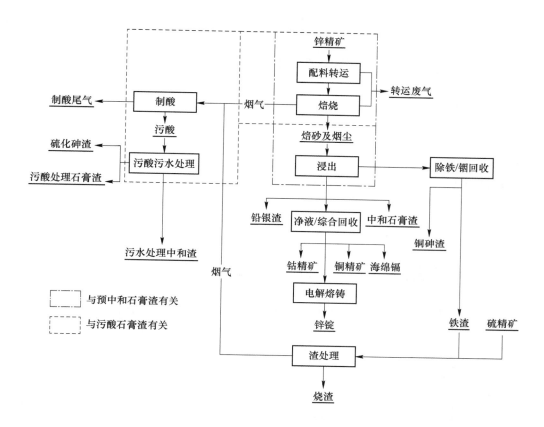

图 2-14 污酸石膏渣产生工艺

另外一种石膏来源于石膏冶炼的预中和石膏渣，该渣来源于湿法冶炼的浸出工序，在完成中性浸出、低酸浸出、热酸浸出等工序分别将有价金属沉淀后，剩余的溶液需要中和多余的硫酸根离子，在加入石灰石浆液后得到的预中和石膏，该石膏渣经过滤、两段酸洗、一段水洗、采用石灰乳调节 pH 值，实现固液分离后，滤渣即为预中和石膏渣，该工艺可以最大限度提供有价金属锌、铟、铜的回收率，经化验分析该渣含锌小于 0.5%（质量分数），且品质稳定，根据《危险废物鉴别标准——浸出毒性鉴别》（GB 5085.3—2007）、《固体废物浸出毒性浸出方法——水平振荡法》（HJ 557—2010）分析检验，可达到属于一般工业固废 I 类标准，极大地拓展了石膏的运用范围，如图 2-15 所示。

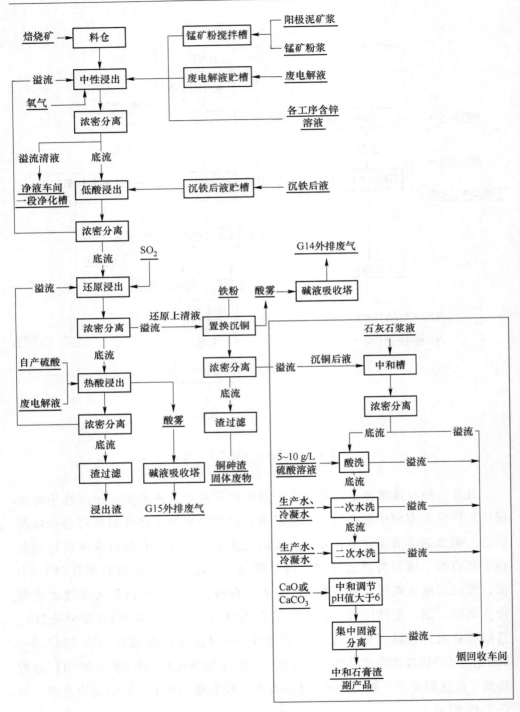

图 2-15　预中和石膏渣产生工艺

第二节　有色金属冶炼行业副产石膏的综合利用途径

有色金属冶金行业产生的石膏渣重金属含量较高，其含有砷、镉、铅等高迁移性有毒元素造成环境污染，因此，其综合利用的重点在于无害化处置和资源化利用，可以借鉴磷石膏等工业副产石膏无害化处理综合利用途径。

有色金属多以硫化矿物的形式在自然界中成矿，因此，在其冶炼过程中会产生大量含有二氧化硫和三氧化硫的烟气。通常烟气采用两次转化、两次吸收方法制取硫酸。烟气中还夹杂有铅、砷、汞、铬和锌等重金属，制硫酸前需经烟气净化除去杂质，烟气净化过程中三氧化硫和砷、汞、铅等重金属进入溶液中形成污酸。

沸腾炉烟气经净化后产生的污酸由于含有砷、汞、铅等重金属，污酸经硫化氢法先脱出重金属后，该溶液称之为硫化后液（含酸量约为 30 g/L，砷含量小于 15 mg/L），液体然后进入酸性生产废水处理工序，由于溶液酸度较高，因此，需要加入石灰石对酸性进行中和并沉淀 F 离子、Cl 离子，此过程产生的石膏渣就是污酸石膏渣，经硫化氢法脱出重金属产生的渣称之为硫化砷渣属于危险废物（代码 321-022-48）。

污酸处理过程中通过加入碳酸钙、氧化钙或氢氧化钙等进行中和，该过程伴随石膏渣的生成，也就是中和渣，或称为污酸渣，形成石膏的反应过程见式（2-7）~式（2-10）。

$$Ca(OH)_2(s) + 2H^+(aq) \rule[0.5ex]{2em}{0.4pt} Ca^{2+}(aq) + 2H_2O \tag{2-7}$$

$$CaO(s) + 2H^+(aq) \rule[0.5ex]{2em}{0.4pt} Ca^{2+}(aq) + H_2O \tag{2-8}$$

$$CaCO_3(s) + H^+(aq) \rule[0.5ex]{2em}{0.4pt} Ca^{2+}(aq) + HCO_3^-(aq) \tag{2-9}$$

$$Ca^{2+}(aq) + SO_4^{2-}(aq) + 2H_2O \rule[0.5ex]{2em}{0.4pt} CaSO_4 \cdot 2H_2O(s) \tag{2-10}$$

由于有色金属冶炼行业副产石膏中含有一定量的重金属，属于危险废物，无法满足直接填埋的要求。某些有价金属含量较高的石膏渣具有回收价值，对含有毒元素的石膏渣需要进行无害化处置，这严重影响了其利用途径的开拓，目前，其处置方向包括无害化处置和资源化处置。

采用该工艺，首先可以实现危险废物减量化，因为所有的重金属经硫化后全部富集在硫化砷渣内，而后期水处理产生的石膏渣就成了一般工业固废Ⅰ类。

一、固化/稳定化处置

固化是指在废弃物中加入特定的固化剂，将其性质变为不可流动或形成固体的过程，其主要为物理作用；稳定化是指将有害污染物转变成低溶解性、低毒性及低移动性的物质，通过改变重金属污染物的有效形态，减少有害物质被吸收、被迁移的能力，从而减少有害污染物潜力的技术。谭聪等人采用水泥固化法对冶炼石膏渣中重金属进行固化/稳定化后浸出毒性低于国家标准所规定的量。有研究人员利用微波加热处理石膏渣中的重金属，来加强石膏渣的稳定性。固化/稳定处理方法常用的有五种固化技术，其操作方法、适用范围和优缺点见表2-3。

表 2-3 固化/稳定处理方法

序号	名称	操作方法	适用范围	优 点	缺 点
1	水泥固化	利用水泥的水化反应，形成稳定坚硬的水泥固化体	含有重金属的废物、氧化物、废酸，例如：电镀污泥、多氯联苯、油、油泥、含油氯乙烯和二氯乙烷的废物等	对重金属（As、Cr、Cu、Pb、Zn等）的稳定效果较好；技术成熟；操作简单；无需对废物进行脱水处理	增容比较大；质量增加较大
2	石灰固化	以石灰、垃圾焚烧飞灰残渣等为固化材料	可用于重金属、氧化物、废酸和稳定非蒸发性的、液体态的有机废物	所用原料便宜，易得；不需特殊设备和技术	固化体强度较低，需较长养护时间；体积膨胀较大
3	塑性材料固化	利用热固性或热塑性物质在加热时与危险物混合，达到稳定化的目的	可用于部分非极性有机物、氧化物、废酸	固化体渗透性较低；对水溶液有良好的阻隔性	需要特殊设备和专业操作人员；废物需先进行干燥和破碎
4	熔融固化	将废物与细小玻璃质混合皂隶成型，在1500℃熔融成固化体	可用于不挥发的高危害性废物、核能废料	可形成高质量的建筑材料；操作难度较大	需要专业设备和人员；不适用于挥发性废物，能耗高；费用高

序号	名称	操作方法	适用范围	优 点	缺 点
5	自胶结固化	利用废物自身的胶结特性来达到固化的目的	只使用于含有大量硫酸钙的废物	结构强度高；工艺简单，无需加入大量添加剂	应用面窄；设备复杂需要专业技术人员；消耗一定热量

二、高温熔融处置

有色金属副产石膏渣中的主要成分与磷石膏相同，均为 $CaSO_4 \cdot 2H_2O$，因此，借鉴磷石膏中 $CaSO_4$ 的分解研究，利用硫酸钙在高温下进行碳热还原，对石膏渣进行高温分解，经研究将铜冶炼副产石膏分解为 SO_2 和 CaO，分别用作生产硫酸和水泥的原料。岳阳利用熔点调控技术与 Ca-Si-Al 三相体系熔融特性进行高温烧结可使重金属在玻璃基质中固化稳定。石膏渣在熔融过程中，大部分重金属被固定在熔融渣内，渣体积变小，熔渣致密性得以提高，使得其浸出特性降低而满足环保要求。熔融玻璃化处理后，可用于混凝土的骨料、路基材料、建筑与装饰材料等，实现了石膏渣的减量化以及资源化利用。

三、有价金属回收

石膏渣中的有价金属回收包括湿法处理和火法处理。湿法包括酸性浸出、碱性浸出等；火法包括氧化焙烧、还原焙烧、真空焙烧等。铜冶炼副产石膏经预处理后，在高温条件下，利用煤炭为燃料，回收石膏渣中有价金属成分，火法回收能耗高，经济效益低。湿法处理在一些低金属含量的氧化性矿渣方面有很大的优势，处理成本较低。酸浸法时间短、效率高，但选择性差，后续分离和回收困难。而碱性浸出条件相对严苛，对铜、镍的浸出性好，但耗时长、溶出率低。

由于中和渣中的有价金属品位低，成分复杂，因此，火法与湿法结合的处置方法能获得更好的处理效果。Zhang 等人采用硫化焙烧—盐酸浸出联合工艺处理富锌中和污泥，并进行了详细的热力学分析。在 700 ℃下用碳粉将焙烧渣中锌转化为硫化物，同时，将硫酸钙转化为方解石和硫化钙，然后对焙烧样品进行盐酸浸出，钙锌分离。浸出渣主要由闪锌矿和纤锌矿组成，可作为锌冶炼的原料。该工艺结合还原焙烧和湿法浸出两种方法，提供了回收有价金属和硫酸钙高值利用的新思路。目前，冶炼中和渣的提取有价金属技术难以实现工业化，综合考虑危险固废处理成本、金属回收价值和提取有价金属后的中和渣的利用等方面或可实现整体经济效益增长。

四、水泥回转窑协同处置

根据云南省生态环境厅公示资料所作统计分析，截至 2022 年 3 月，云南省持证危险废物处置单位共计具备大宗固废类危险废物处置能力 267.108 万吨/年，其中绝大部分为 HW48 类危险废物（有色金属采选和冶炼废物）的处置及资源化利用，采用水泥回转窑协同处置危险固废的水泥企业 4 家，共有处置能力 29.1 万吨/年。根据云南省工信厅公示的相关统计数据，截至 2021 年年底，云南省境内共有已建成回转窑水泥生产线 111 条，合计产能 32.3986 万吨/天；尚有在建回转窑水泥生产线 6 条，合计产能 2.7128 万吨/天；远期水泥回转窑生产线合计产能在 35.1114 万吨/天；其中满足《水泥窑协同处置危险废物经营许可证审查指南》规定要求最低规模 2000 t/d 以上的生产线占比为 89.8%；满足《水泥窑协同处置固体废物污染防治技术政策》中用于处置危险废物推荐规模 4000 t/d 以上的生产线占比为 24.6%。由此可见，"十四五"期间云南省依托水泥窑生产设施推行冶炼烟气脱硫石膏资源化利用尚具备较大的开发空间。经研究在冶金烟气脱硫石膏渣投加量占生料比为 0.6%～1.0% 时，试验水泥生产线窑尾烟气中各类有害重金属因子排放浓度均可实现达标排放，除 Hg 及其化合物排放浓度占标率接近 80%，其余各类重金属因子排放浓度远低于标准值、符合污染物达标排放原则。

据不完全统计，近年来云南省行政区域内已相继有近 10 条水泥窑协同处置及资源化利用固体废弃物装置通过省生态环境厅的审批并建成投运。

有色冶金行业石膏渣有其独特优点，在资源化应用方面有待进一步开发，通过资源化利用，可以将冶金石膏转化为具有经济价值的产品，减少环境污染。

资源化利用可以有以下几种方法。

（1）建筑材料，有色冶金行业石膏可以用作建筑材料，例如，生产石膏板、石膏砖、石膏轻质隔墙板等。这些产品具有较好的抗压性和隔声性能，并且可以降低建筑材料的成本。

（2）水泥掺合料，将有色冶金行业石膏作为水泥的掺合料，可以提高水泥的工艺性能和性能稳定性。同时，这可以减少水泥生产过程中对于石灰石的采集，降低对于原材料的依赖。

（3）脱硫剂，有色冶金行业石膏中的硫元素可以用于燃煤电厂等工业过程中的脱硫操作。将冶金石膏作为脱硫剂使用可以有效地减少二氧化硫的排放，降低空气污染。

（4）陶瓷工业，有色冶金行业石膏可以用于陶瓷工业中，作为陶瓷原料的补充，可以改善陶瓷产品的性能和质量。

值得注意的是，在进行冶金石膏资源化利用的过程中，需要对石膏进行处理和提纯，以降低杂质含量，提高利用价值。

（5）新增土壤改良、矿山采空区生态修复、尾矿库闭库填充剂、道路填充材料等方面。

第三章　我国工业固体废物资源化综合利用领域新进展

随着经济社会的发展，我国逐步由农业大国转向工业大国，自然资源的需求量和开发利用量显著提高，自然资源的开发利用在一定程度上为我国经济发展带来了强劲动力。然而，在经历一段时间粗放型的发展模式，一味追求经济的快速发展，同时也造成了一定程度的生态环境破坏和资源浪费。工业化进程的不断发展，工业固废排放量不断增加，传统的堆存和填埋侵占土地，不仅污染空气和河流，影响人们身体健康，而且严重忽略了工业固废可以作为原材料生产新型建材这一优点。因此，促进工业固废综合利用，既可以减少污染、保护环境，实现生态经济的发展目标，又可以充分利用资源，促进我国工业发展方式的转变。

（1）工业固体废物的概念。工业固体废物是指在工业生产活动中产生的丧失原有利用价值或者虽未丧失利用价值但被抛弃或者放弃的固态、半固态和置于容器中的气态物品、物质以及法律、行政法规规定纳入固体废物管理的物品、物质。主要包括冶炼废渣、粉煤灰、炉渣、煤矸石、尾矿、脱硫石膏、污泥、放射性废物和其他废物。其可以分为两种：一般工业固废和危险固体废物。工业固废综合利用是指将大宗工业固体废物用于提取有价组分，生产建筑材料、环保材料和其他材料，填筑路基，建筑工程回填，生产肥料，改良土壤等。

（2）工业固废的综合利用。工业固废资源化利用或综合利用是指通过熔炼、萃取、电解、提纯等物理或化学的处理工艺，提取固废或危废中有回收利用价值的元素资源，并进一步加工生产成为产品的过程。固废危废资源化再生利用产业链上游为各类型产废企业，包括金属冶炼、电镀、电子、化工和医药等企业，同时也包括商贸公司等经销商；下游则是以金属为材料的行业，包括有色金属和有色冶炼深加工、金属制品等行业。

工业固体废物的污染控制与其他环境问题一样，也经历了从初期的简单处理到逐渐向全面管理发展的过程。世界各国以前都只注重末端治理，提出了"三化"原则（资源化、减量化和无害化）。工业固废由于含有较多的可利用资源，因此在综合利用方面近年来获得了长足发展，如磷石膏制硫酸联产水泥技术、化工碱渣回收技术、煤矸石硬塑和半硬塑挤出成型砖技术、纯烧高炉煤气发电、煤矸石和煤泥混烧发电等水平不断提高。

目前工业废物的资源化途径主要如下。

（1）生产建材：其优点包括：1）废渣消耗量大、产品质量好、投资少、见效快，有广阔的市场前景；2）节约原材料与能耗、避免二次污染产生；3）可生产的建材种类多、性能好。工业固废用作建材的原料主要包括以下几个方面：一是一些冶金的矿渣和矿山废石可以用来当作铺路的碎石和混凝土的骨料；二是一些具有水硬性的工业废物可以作为生产水泥的原材料；三是一些诸如粉煤灰、煤矸石、赤泥、电石渣等固废可以用来生产建筑用砖；四是某些工业固体废弃物可用作铸石和微晶玻璃生产的原料；五是用高炉矿渣、煤矸石、粉煤灰等作为原料生产矿棉，用高炉渣生产膨胀矿渣等轻骨料。

（2）回收工业固废中可利用的成分替代一些原材料，以及研发新产品，如洗矸泥炼焦用作燃料、煤矸石沸腾炉发电、硫铁矿烧渣炼铁、钢渣作冶炼熔剂、陶瓷基与金属基废弃物制成的复合材料等。这样可以降低能耗、节约原材料，使经济效益得到大幅提升。

（3）改良土壤和生产化肥：许多工业固废中含有丰富的硅、钙以及各种微量元素，有些还含磷和其他有用成分，因此，加工后用作化肥具有较好的效果，不但能提供农作物生长所需的营养，还能改良土壤，使农作物产量增加。例如利用炉渣、粉煤灰、赤泥、黄磷渣、钢渣和铁合金渣等制作硅钙化肥、铬渣制造钙镁磷化肥等。

（4）能源回收：一些工业固体废弃物具有潜在能源可以利用。

第一节　"双碳"战略为固废资源化利用产业发展带来新机遇

一、"双碳"战略助推工业固废资源化利用

2020 年 9 月 22 日，第七十五届联合国大会一般性辩论上，中国提出将采取更加有力的政策和措施，二氧化碳排放力争于 2030 年前达到峰值，努力争取

2060 年前实现碳中和。

再生资源产业作为生态文明建设的重要内容，是实现绿色发展的重要领域，也是应对气候变化、保障资源安全、达到碳中和目标的重要途径。推动再生资源产业高质量发展，有助于全面推进绿色制造、实现绿色增长、引导绿色消费。"碳达峰""碳中和"目标既是再生资源产业发展的巨大挑战，也将带来新的机遇。

2022 年是党和国家历史上极为重要的一年，党顺利召开党的二十大，描绘了全面建设社会主义现代化国家的宏伟蓝图；中央经济工作会议对 2023 年我国科技创新支撑高质量发展工作提出新要求。科技创新是实现绿色低碳循环发展的核心驱动力，再生资源具有促进资源节约、降低污染减少二氧化碳排放的多重属性，对国家资源安全的支撑保障作用逐步增强。

党的二十大报告将碳达峰碳中和工作独立成段意义重大。

《建立健全碳达峰碳中和标准计量体系实施方案》《关于建立统一规范的碳排放核算体系实施方案》要求完善碳达峰碳中和标准计量体系，明确碳排放核算工作"四位一体"的重点任务体系。

科技部发布《科技支撑碳达峰碳中和实施方案（2022—2030 年）》，将资源循环利用与再制造作为低碳零碳工业流程再造技术的重点方向，设立"碳达峰碳中和关键技术研究与示范"重点专项，采取"揭榜挂帅"机制开展低碳零碳负碳关键核心技术攻关。

《工业领域碳达峰实施方案》明确加强再生资源循环利用，研究退役光伏组件、废弃风电叶片等资源化利用技术路线和实施路径，建成一批绿色工厂和园区。

《有色金属行业碳达峰实施方案》要求发展再生金属产业，到 2025 年再生铜、再生铝产量分别达到 400 万吨和 1150 万吨，再生金属供应占比达 24%以上。

中科院公布科技支撑碳达峰碳中和战略行动计划并实施 18 项重点任务。"双碳"将是未来重点，再生资源产业面临新的发展机遇，全行业要在落实碳达峰碳中和目标任务过程中锻造新的产业竞争优势，打造成绿色低碳循环发展的战略性新兴产业，为"双碳"目标的实现做出积极贡献。

在"双碳"目标的指引下，国家和各级政府相继出台各项有关政策，扶持和推动产业的高质量发展。

2022年4月，国家发改委等6部门联合印发了《关于"十四五"推动石化化工行业高质量发展的指导意见》，鼓励企业采用清洁生产技术装备改造提升，从源头促进工业废物"减量化"，推动石化化工与建材、冶金、节能环保等行业耦合发展，提高磷石膏、钛石膏、氟石膏等工业副产石膏、电石渣、碱渣等固废综合利用水平。

2022年6月工信部等5部门联合印发了《关于推动轻工业高质量发展的指导意见》，提出要加大食品、皮革、造纸、陶瓷、日用玻璃等行业节能降耗和减污降碳力度，加快完善能耗限额和污染排放标准，树立能耗环保标杆企业，推动能效环保对标达标。

2022年11月，工信部等4部门联合出台了《建材行业碳达峰实施方案》，指出在"十四五"期间，建材产业结构调整取得明显进展，行业节能低碳技术持续推广，水泥、玻璃、陶瓷等重点产品单位能耗、碳排放强度不断下降，水泥熟料单位产品综合能耗水平降低3%以上，并对"十五五"期间行业的发展做出了大体的规划。

此外，各省市也发布了有关固废危废资源化利用的政策，进一步减少固废危废产品对环境的影响，提高资源的利用效率。

2022年9月，浙江省发布了《浙江省固体废物污染环境防治条例》，提出需要明确危险废物专业化分类收运体系建设要求，建立危险废物利用处置设施分级分类规划制度，建立健全危险废物利用处置协调调度机制，发布危险废物利用处置行业发展引导性公告。

2022年11月，北京市发布了《关于进一步加强建筑垃圾分类处置和资源化综合利用工作的意见》，提出将建筑垃圾资源化处置设施细化调整为就地处置设施、临时处置设施、固定处置设施，各类设施设置及运行应符合国家及本市相关标准要求。

2022年11月，四川省在《四川省"十四五"固体废物分类处置及资源化利用规划》中，对"十四五"期间行业的发展制定了详细的目标，提出到2025年，基本建成覆盖全省的现代化固体废物收运网络和监管平台，基本实现区域内固体废物生产量与利用处置能力相匹配，医疗废物收集处置体系覆盖率达到98%以上。

（上述部分内容引自智研咨询发布的《2023—2029年中国固废危废资源化利用行业市场专项调查及投资前景分析报告》）

二、"双碳"战略背景下，工业副产石膏资源化利用的机遇和挑战

我国石膏分为天然石膏和工业副产石膏。天然石膏或受保护，或因开采危险正逐步减少。随着社会经济的发展，工业副产石膏源源不断产出，正逐步替代天然石膏，甚至超过天然石膏得到大量使用。工业副产石膏种类繁多，但其核心成分都是二水硫酸钙或无水硫酸钙，现有工业副产石膏品种可以完全替代天然石膏，经过技术加工后，胶结性能可以大幅度提升。

当前，在"双碳"背景下，工业副产石膏发展迎来新的挑战。目前，在我国工业副产石膏的资源化利用中，还存在着行业规模小、发展不平衡、品质不稳定等问题。我国工业副产石膏资源化利用既面临机遇，也面临挑战。

（一）在控制成本，提高市场竞争力的同时必须兼顾产品质量，才能促进产业健康发展

纵观发达国家的建筑材料体系，石膏基胶凝材料占据了很大的比例。基于石膏基材料具有质量轻、隔声隔热、防火抗震等诸多优点，在我国除了硅酸盐水泥基材料以外，石膏基材料和耐侵蚀的水工胶凝材料的需求将成倍增长，有着非常广阔的市场前景。

目前，工业副产石膏在一些地方的市场应用中存在质量问题。工业副产石膏综合利用相关企业在石膏建材市场竞争日益激烈的情况下，对原料端把控、半成品生产、成品加工及工地现场的应用中如何减少成本和提高价格竞争力，是一个必须面对的挑战。

另外，磷石膏资源化利用，必须遵循各产业发展的客观规律和产业间的相互关系，针对不同资源化方法、技术成熟度和市场需求等因素，制定相应的资源化途径。因此，各单位要充分了解产品品质，坚守质量底线，才能促进产品和产业健康发展。任何破坏质量底线的行为都将埋下隐患。

石膏基未来如何发展，要从两大角度来考虑石膏的发展方向：一是技术角度，二是市场角度。

从技术角度来说，工业副产石膏因为生成工艺、成因不同，其纯度、杂质、种类、含量、晶型结构各不相同。而不同工艺的杂质在建材和其他应用领域的利和害也不尽相同，需要进行深入的基础研究，既找出共性，又找出个体特性，方

能有针对性地解决问题。因此，基础研究及科学应用的研究与实际相结合，将是提升整个行业利用水平的必由之路。随着科技的进步，"双碳"战略实施，未来具有低碳、循环、绿色特性的石膏材料应用会越来越广泛。

从市场角度来说，脱硫石膏之所以进入我国不到 20 年时间就能得到非常好的应用，得益于脱硫石膏在国外已经有非常完善的基础研究。我国从 2007 年开始着手制定中国脱硫石膏标准，在借鉴国外的标准和技术的基础上，实现了弯道超车。反观磷石膏的发展，我国有近 60 年的生产历史，但都未能很好地将其应用，有的甚至形成了环境问题。这一问题与历史原因和基础研究不够有关。

要破解这些难题，应从各方面采取措施，推动我国高校和科研院所加强对石膏的基础研究，鼓励企业在力所能及的情况下支持研发工作。高校、科研院所与企业相结合，既能发挥高校科研院所的研究能力，同时还能直接了解企业实际需求，从而形成合力提升行业水平，强化基础研究。高校、科研机构和相关企业开展紧密合作，才能进一步突破磷石膏副产品作为单一资源的固有思维，结合其他碱性工业固废，如赤泥、钢渣、钛渣、锰渣等，开展协同利用的技术攻关，拓宽工业固废的利用途径，开发具有高附加值的产品，实现磷石膏等工业副产石膏资源化产业大规模、高质量、可持续发展。

（二）工业副产石膏资源化利用六大技术瓶颈有待突破

目前，磷石膏的资源化利用涉及水泥行业、建筑材料、道路工程、农业及化工等领域。磷石膏在水泥行业，比较成熟的利用方式是生产缓凝剂和矿化剂。首先用磷石膏作矿化剂可提高产量，降低能耗，提高水泥熟料的质量，但掺量较少，利用率不高。其次是生产磷石膏基胶凝材料，这种利用方式突破了石膏只能作为气硬性胶凝材料的限制，采用水化产物对石膏进行包裹，使石膏基材料获得了较好水硬性，拓宽了石膏基材料的应用范围。这种利用方式通过调控磷石膏、钢渣、矿渣体系的活性钙含量在大幅提高磷石膏掺量的同时，解决了石膏过多造成水泥安定性不良的技术难点，且工艺简单，只需要一步湿磨，能耗少、成本低。

此外，水泥行业还可利用磷石膏制硫酸联产水泥；道路工程可利用磷石膏作为公路的路基填料、基层胶结料；农业可利用磷石膏呈弱酸性的特点将其作为土壤改良剂，改良盐化、碱化土壤；矿山可以大量应用磷石膏胶凝材料作为充填材料；造纸工业可利用磷石膏生产磷石膏晶须，以及在化工领域制备硫酸钾和硫酸铵等。随着技术的不断成熟，磷石膏在建材行业的应用将是其资源化的主流。

最新研究发现，以磷石膏为发泡剂，利用其结晶水的分解制成的泡沫沥青，用于道路工程中可降低沥青的黏度和道路的碾压温度，而且磷石膏作为改性剂，还可以提高沥青的抗高温变形能力。

目前，磷石膏用于道路基层有 4 种形式：

（1）磷石膏制备胶凝材料，替代传统水泥；

（2）作为填料，填充于级配碎石的空隙中；

（3）制备成无骨料磷石膏稳定土；

（4）制备成人造骨料，替代天然骨料用于道路基层。关于实际应用中遇到的问题，有以下 6 个方面：

1）硫磷石膏水泥替代普硅水泥，基层材料的早期强度较低，后期强度增长较快，需要增加开放交通的养护时间。

2）在干缩和温缩的双重作用下，半刚性基层的收缩开裂很难避免，需要设计基层材料组分，更好发挥过硫磷石膏水泥微膨胀和失水收缩的协同作用，从而减少半刚性基层的收缩开裂。

3）路基与基层间的层间防水问题。

4）由于磷石膏稳定土是粉体压制成型，抗冲刷性能较差的问题。

5）基层材料强度和耐久性的问题。如寒冷地区水分是否会引起基层的冻胀开裂，人造骨料表面的一层界面疏松区是否影响强度等，加上人造骨料需要养护和堆存，如何提高早期强度、减少堆存周期也需要行业思考。

6）环境影响问题。磷石膏大规模应用所渗出的杂质影响环境，目前最有效的方法还是磷化工企业的无害化处理。若能有效突破以上六大瓶颈问题，将进一步推动磷石膏的大规模应用。

第二节　"十四五"规划吹响固体废物资源化利用产业创新发展新号角

2020 年 10 月 29 日，党的十九届五中全会在《中共中央关于制定国民经济和社会发展第十四个五年规划和二〇三五年远景目标的建议》中提出，坚持创新在我国现代化建设全局中的核心地位，把科技自立自强作为国家发展的战略支撑，摆在各项规划任务的首位进行专项部署；明确要强化企业创新主体地位，促进各类创新要素向企业集聚，推进产、学、研深度融合，支持企业牵头组建创新联合体，承担国家重大科技项目；规划提出全面提高资源利用效率，推行垃圾分类和减量化、资源化，加快构建废旧物资循环利用体系；支持绿色技术创新，发展环保产业，推进重点行业和重要领域绿色化改造。所有这些，为我国固体废物资源化利用产业创新发展吹响了号角、指明了方向。

一、工业副产石膏综合利用现状（以磷石膏为例）

目前，大宗固废累计堆存量约 600 亿吨，年新增堆存量近 30 亿吨，其中，赤泥、磷石膏、钢渣等固废利用率仍较低，占用大量土地资源，存在较大的生态环境安全隐患。

磷肥是三大化肥品种之一，是农业的重要支撑。磷酸是磷肥生产重要的基础原料，磷石膏是硫酸分解磷矿萃取磷酸的主要副产品，其主要成分与天然石膏相同，均为二水硫酸钙（$CaSO_4 \cdot 2H_2O$），是一种可再生石膏资源。磷石膏的主要产生途径是磷肥生产，约占总产量的 85%。磷石膏呈酸性，且含有少量的磷、氟等杂质，这对磷石膏的堆存及综合利用造成一定的影响。

"十三五"以来，磷肥行业以供给侧结构性改革为引领，在满足国内需求的基础上全面深化去产能、调结构、节能减排等高质量发展战略，取得了卓有成效的业绩。据中国磷复肥工业协会统计，"十三五"期间，磷肥（以 P_2O_5 计）：生产能力已由期初的 2370 万吨/年下降至期末的 2170 万吨/年，降幅 8.44%，年均递减 1.75%；产量由期初的 1795 万吨/年下降至期末的 1590 万吨/年，降幅 11.42%，年均递减 2.40%；中国磷肥需求量已由期初的 1245 万吨/年降至期末的 1140 万吨/年，降幅 8.43%，年均递减 1.75%。

"十四五"期间，磷肥行业将继续以供给侧结构性改革为引领，进一步去产能、调结构。预计至 2025 年行业产能将控制在 2000 万吨/年以下；为保障国家粮食供应安全，综合考虑减肥增效以及有机肥替代的方式，中国"十四五"期间磷肥的产量将保持在 1300 万吨/年左右；中国磷肥需求量将会稳定在 1100 万吨/年左右。

（一）国内磷石膏产生利用情况

中国磷石膏年产量约占工业副产石膏的 40%，磷石膏的产生与磷肥产量的变化是密不可分的。2015 年是中国磷肥产量的巅峰之年，同年磷石膏的产量也达到了历史最高值（8000 万吨）。进入"十三五"以来，磷石膏产量有了一定程度的减少。但仍保持在 7500 万吨左右的水平。磷石膏的分布与磷资源分布情况密切相关。整体而言中国磷矿资源比较丰富，相对集中分布在长江流域的云南、贵州、湖北和四川等西南地区，在磷肥产量前五的省份（湖北、云南、贵州、四川、安徽）磷石膏产量约占全国总量的 85%，湖北省最多，约占全国总产量的30%，云南次之，约占全国总产量的 25%。"十三五"期间，中国磷石膏综合利用水平有了较为明显的提升，综合利用率由期初的 33.3% 增长至期末的 45.3%，增幅 12%，超额完成"十三五"既定目标；利用量由期初的 2650 万吨/年增至期末的 3400 万吨/年，增幅 28.3%，年均递增 5.11%。

从各主要磷石膏产生省的利用情况分析，利用率最高的省份为安徽省和贵州省，综合利用率已超过 100%。

安徽省因其地处东部地区，市场较大，加之产量较少，综合利用率较高。

贵州省自 2018 年实施"以用定产"政策以来，磷石膏综合利用率由 2018 年的不足 55% 一跃提升至 2020 年的 105%，原因主要有 3 个方面：（1）贵州省政府出台了一系列鼓励磷石膏资源综合利用和使用磷石膏资源综合利用制品的政策；（2）企业主动开展磷石膏大规模综合利用，加大投资建设磷石膏综合利用装置；（3）执行"以用定产"政策，部分装置限产。

2021 年四川省和湖北省两省综合利用率分别为 46.4% 和 29.3%，随着两地磷石膏政策的落地，2021 年磷石膏综合利用率有了很大的提升。

云南省由于磷石膏产量大，加之地处偏远、市场辐射量小、磷石膏综合利用起步较晚等因素，磷石膏综合利用率在 20% 左右。2021 年中央第八生态环境保护督察组向云南省反馈督察情况，针对云南省现有历史遗留废弃露天矿山约8000 座及生态修复工作滞后的问题提出要求，云南省结合磷石膏综合利用与矿山生态修复，提出磷石膏经处理后用于生态修复的方案，目前正在开展相关工作，磷石膏综合利用率有望得到显著提升。

河北、山东、广东、福建等地的磷石膏产量较低，且靠近消费市场，磷石膏综合利用率均超过 100%。其他省份磷石膏产量少，堆存压力小，综合利用率较低。

从利用途径看，中国磷石膏资源化利用工艺已基本成熟，部分关键共性技术得以突破和应用，主要以水泥缓凝剂及各类建材产品等初级化利用途水泥缓凝剂用量最大,约占磷石膏利用量的30%;还有,为外供外售,约占25%;用作各类建材产品,如石膏板、石膏砖、石膏砌块、石膏粉等,约占20%;用作筑路或充填约占15%;此外还有少量用于磷石膏土壤调理剂、磷石膏制硫酸等应用途径。

(二) 国外磷石膏产生利用情况

磷石膏综合利用是世界性难题,据相关资料表明,目前全球磷石膏堆存量已超过60亿吨,且每年仍以2亿吨左右的速率继续增长,但全球磷石膏综合利用率仅为25%左右,除日本等少数国家因石膏资源匮乏,磷石膏综合利用率达100%,其他国家大部分以堆存为主。

根据国际肥料协会(IFA)2020年发布的"引导创新合作:磷石膏管理和使用核心原则"报告可知,目前,世界主要磷石膏产生国的磷石膏综合利用途径主要在农业、建筑、道路三大领域,由于各个国家的国情不同,利用的侧重方向有所区别。

整体而言,磷石膏综合利用在建筑领域的推广相对成熟,农业领域应用发展较为迅速,道路领域作为能够大量利用磷石膏的潜在途径,各国已经纷纷投入大量经费开始试验研究。

二、当前磷石膏综合利用面临的形势

中国磷石膏历史堆存量大。据中国磷复肥工业协会统计,截至2020年,中国已累计堆存超过8.3亿吨磷石膏,这些磷石膏的堆存不仅占用了大量土地,还存在一定的环境风险和安全隐患,例如在"三磷"整治调查中发现长江沿线的97个磷石膏库中有超过半数的磷石膏库存在生态环境问题。

环保政策持续出台,"三磷"整治,大宗固废治理等一系列政策措施的实施,对磷石膏的产生和堆存采取了一系列的限制措施,如限制新建磷石膏堆场,"以用定产"等。目前,中国主要磷肥生产企业现有的磷石膏堆场预计在2~3年全部堆满,少数堆场不超过5年,堆满后企业将面临无处可堆的境地;贵州、湖北、四川等地实行磷石膏"以用定产"政策,要求企业根据磷石膏的利用量倒推磷酸或磷肥的产量,使得一些大型企业被迫开始限产。

磷石膏无害化处理作为解决磷石膏综合利用的重要手段,成为各方关注的焦

点，湖北、贵州、云南等地纷纷开展相关工作，国家相关部委联合行业协会组织开展磷石膏无害化处理相关的标准和指南的制定工作，相关工作的开展涉及环保、安全、建筑、农业、道路等多领域的协作。

"双碳"战略的提出，对于磷石膏资源综合利用既是机遇又是挑战。"双碳"背景下的水泥行业产能产量必然受到影响，火力发电厂规模也会逐步下降，相应的脱硫石膏的产量也会降低，为以磷石膏为原料的石膏建材产品让出了市场，同时石膏还能代替部分水泥产品的用途，为大规模利用磷石膏创造了条件。当前磷石膏综合利用主要问题：

（1）对磷石膏认识不清。中国早期的磷肥工业主要为解决中国磷肥供给，通过引进与技术改造，使中国磷肥工业得到了快速的发展，然而伴随产生的磷石膏并未得到重视，而是作为"废物"全部进行堆存处理，并未开展与之相关的基础研究和与综合利用相关的试验研究工作，导致现阶段中国对磷石膏的基本属性及使用磷石膏可能造成的环境风险、安全隐患、健康威胁、土质变化等缺乏必要的试验和证据佐证。此外，磷石膏成分复杂，杂质去除难度大，对其综合利用产生了阻碍。随着中国磷肥工业的不断发展，早期积累的磷石膏问题日益凸显，加之磷石膏管理存在一定的问题，磷石膏及磷石膏下游产品质量不稳定，致使磷石膏的综合利用成为磷肥行业发展的卡脖子问题。

（2）磷石膏综合利用缺乏创新动力。磷肥行业利润率较低，长期稳定在2%左右的水平，企业缺乏创新动力，加之目前中国磷石膏综合利用技术路线主要以低附加值的初级利用途径为主，且同质化严重，市场竞争激烈，产品价值低甚至贴钱销售，企业积极性不高。

（3）上下游产业协同不足。磷石膏综合利用是一项系统工程，涉及化肥、化工、建材、建筑、农业、轻工等多个行业，以及环保、安全、发改委、工信、住建等多个政府管理部门，磷石膏综合利用在标准制定和执行、归口管理、权责划分等方面存在产业间、部门间沟通协作不畅的问题，使得推动磷石膏资源化利用工作的过程阻力较大。

（4）磷石膏产生地集中，规模化手段缺失。受地域资源禀赋和经济发展水平影响，云、贵、川、鄂等地的磷石膏产生集中、历史堆存量大、利用难度大，且大多地处偏远，磷石膏综合利用产品的周边辐射市场容量不足以满足如此大批量的磷石膏利用，加之受运输成本影响，产品运距较短，限制了综合利用产品的销售。

三、磷石膏综合利用发展趋势

近年来，随着行业的发展，多种磷肥生产工艺、技术的改进、提升，特别是半水—二水、二水—半水等湿法磷酸工艺的应用和推广，磷回收率等资源综合利用水平有了一定程度的提升。

行业越来越重视中低品位磷矿的开发与应用，中低品位磷矿生产磷酸、磷铵、复合肥及中低品位磷矿生产钙镁磷肥等技术有了一定的进步与发展。磷资源综合利用水平的提高既能充分利用磷矿资源，又能一定程度上从源头减少磷石膏的产生，未来磷肥生产的磷石膏产量将呈现逐年下降的趋势。但"双碳"战略背景下的能源结构调整，促使国家大力发展新能源项目，磷酸铁/磷酸铁锂得以快速发展，行业企业纷纷投资建设生产装置及配套设施，目前，规划产能已超过600万吨/年，预计至2025年产量将达到250万吨左右，需磷酸约200万吨，将产生近千万吨的磷石膏。

行业越来越重视过程管理，磷石膏是产品而非"废物"的观念已发生转变，从生产源头开始控制，强化过程管理，提升磷石膏品质和稳定性。磷石膏无害化处理又将进一步提升磷石膏品质，将磷石膏处理成Ⅰ类或接近Ⅰ类固废的水平，为磷石膏无害化堆存和资源综合利用提供了坚实的基础，磷石膏资源综合利用量和利用水平将不断提升。

四、近年出台相关政策重点内容

（1）到2025年，煤矸石、粉煤灰、尾矿（共伴生矿）、冶炼渣、工业副产石膏、建筑垃圾、农作物秸秆等大宗固废的综合利用能力显著提升，利用规模不断扩大，新增大宗固废综合利用率达到60%，存量大宗固废有序减少。大宗固废综合利用水平不断提高，综合利用产业体系不断完善；关键瓶颈技术取得突破，大宗固废综合利用技术创新体系逐步建立；政策法规、标准和统计体系逐步健全，大宗固废综合利用制度基本完善。

（2）持续提高煤矸石和粉煤灰综合利用水平，推进煤矸石和粉煤灰在工程建设、塌陷区治理、矿井充填以及盐碱地、沙漠化土地生态修复等领域的利用，有序引导利用煤矸石、粉煤灰生产新型墙体材料、装饰装修材料等绿色建材，在风险可控前提下深入推动农业领域应用和有价组分提取，加强大掺量和高附加值产品应用推广。

（3）稳步推进金属尾矿有价组分高效提取及整体利用，推动采矿废石制备砂石骨料、陶粒、干混砂浆等砂源替代材料和胶凝回填利用，探索尾矿在生态环境治理领域的利用。

（4）鼓励从赤泥中回收铁、碱、氧化铝，从冶炼渣中回收稀有稀散金属和稀贵金属等有价组分，提高矿产资源利用效率，保障国家资源安全，逐步提高冶炼渣综合利用率。

（5）拓宽磷石膏利用途径，继续推广磷石膏在生产水泥和新型建筑材料等领域的利用，在确保环境安全的前提下，探索磷石膏在土壤改良、井下充填、路基材料等领域的应用。支持利用脱硫石膏、柠檬酸石膏制备绿色建材、石膏晶须等新产品新材料，扩大工业副产石膏高值化利用规模。积极探索钛石膏、氟石膏等复杂难用工业副产石膏的资源化利用途径。

（6）鼓励建筑垃圾再生骨料及制品在建筑工程和道路工程中的应用，以及将建筑垃圾用于土方平衡、林业用土、环境治理、烧结制品及回填等，不断提高利用质量、扩大资源化利用规模。

（7）在煤矸石、粉煤灰、尾矿（共伴生矿）、冶炼渣、工业副产石膏、建筑垃圾、农作物秸秆等大宗固废综合利用领域，培育50家具有较强上下游产业带动能力、掌握核心技术、市场占有率高的综合利用骨干企业。支持骨干企业开展高能效、高质量、高价值大宗固废综合利用示范项目建设，形成可复制、可推广的实施范例，发挥带动引领作用。

（8）建设50个大宗固废综合利用基地和50个工业资源综合利用基地，推广一批大宗固废综合利用先进适用技术装备，不断促进资源利用效率提升。

（9）鼓励绿色建筑使用以煤矸石、粉煤灰、工业副产石膏、建筑垃圾等大宗固废为原料的新型墙体材料、装饰装修材料。结合乡村建设行动，引导在乡村公共基础设施建设中使用新型墙体材料。

（10）到2025年，大宗固废综合利用率达到60%，建筑垃圾综合利用率达到60%。进一步拓宽粉煤灰、煤矸石、冶金渣、工业副产石膏、建筑垃圾等大宗固废综合利用渠道，加强赤泥、磷石膏、电解锰渣、钢渣等复杂难用工业固废规模化利用技术研发。

（11）建设50个建筑垃圾资源化利用示范城市。推行建筑垃圾源头减量，建立建筑垃圾分类管理制度，规范建筑垃圾堆放、中转和资源化利用场所建设和运营管理。完善建筑垃圾回收利用政策和再生产品认证标准体系，推进工程渣土、工程泥浆、拆除垃圾、工程垃圾、装修垃圾等资源化利用，提升再生产品的市场使用规模。培育建筑垃圾资源化利用行业骨干企业，加快建筑垃圾资源化利用新技术、新工艺、新装备的开发、应用与集成。

（12）资源综合利用税收优惠：1）新型墙体材料增值税即征即退；2）资源综合利用产品及劳务增值税即征即退；3）综合利用资源生产产品取得的收入在计算应纳税所得额时减计收入；4）综合利用的固体废物免征环境保护税。

（13）充分利用京津冀及周边地区尾矿、废石等存量工业固废资源，以张家口、承德、唐山等地为重点，建设一批利用尾矿、废石等固废制备砂石骨料、干混砂浆等绿色砂石骨料基地，利用"公转铁"专列、新能源汽车运输等条件，保障京津重大工程建设的砂石骨料供应和质量，具备年替代1亿吨天然砂石资源的生产能力。

（14）在河北、山西、内蒙古、山东、河南等地的冶金和煤电产业集中区，建设10个以上协同利用冶金和煤电固废制备全固废胶凝材料、混凝土、路基材料等的生产基地，推动钢铁、煤电、建材、化工等产业耦合共生，实现年消纳工业固废3亿吨。

（15）以河北、山东为重点，开展冶金固废多元素回收整体利用，提高铜、铅、锌、金等有价组分回收效率；以山西、内蒙古、河北等地为重点，开展工业副产石膏、粉煤灰、煤矸石、尾矿、热熔渣制备新型建材等高值化产品推广应用，新增工业固废高值化利用能力1000万吨/年；以山东淄博、河南焦作、山西吕梁等地为重点，开展赤泥提取有价元素、低成本制备生态水泥等应用，有效解决赤泥利用难题。

（16）以集聚化、产业化、市场化、生态化为导向，加快建设山西朔州等25个工业固废综合利用基地，促进优势资源要素集聚。以现有产业园区和骨干企业为基础，在天津子牙、河北定州、山东临沂、河南许昌、内蒙古包头等地建设15个再生资源产业园区，通过技术改造、产品升级、管理优化等方式打造绿色园区，推动技术、标准、政策、机制协同创新。遴选发布一批工业资源综合利用协同提升重点项目，培育一批工业资源综合利用领跑者企业，促进资源综合利用产业跨区域协同发展和有序转移。

（17）各市要严格落实国家产业政策，煤炭开发项目须包括煤矸石综合利用和治理方案，对未提供综合利用方案的煤炭开发项目，有关主管部门不得予以核准。新建和扩建燃煤电厂，须提出粉煤灰、脱硫石膏综合利用方案，明确固废综合利用途径和处置方式。冶金企业要通过自行和社会消化，促进冶炼渣全部综合利用。煤矸石、粉煤灰产出企业设临时性固废堆放场（库）的，原则上占地规模按不超过3年储存量设计，堆场（库）选址、设计、建设及运行管理应当符合相关要求，禁止建设永久性堆放场（库）。工业固废产出企业须采取有效综合利用措施消纳煤矸石、粉煤灰等历史堆存固废。

（18）煤矸石、粉煤灰、脱硫石膏制新型建材是山西省消纳工业固废的重要途径。要在建筑工程前期设计和建筑施工中，大力推广使用工业固废生产的新型建材产品，同时以建筑垃圾处理和再利用为重点，加强再生建材生产技术和工艺研发，提高固废消纳量和产品质量。落实绿色建材产品认证制度，实行绿色建材星级评价，建立绿色建材产品目录，培育一批绿色建材示范产品和示范企业。将资源综合利用产品列入政府采购目录，市政工程要优先采购采用工业固废生产的产品。

（19）推动工业固废按元素价值综合开发利用，加快推进尾矿（共伴生矿）、粉煤灰、煤矸石、冶炼渣、工业副产石膏、赤泥、化工废渣等工业固废在有价组分提取、建材生产、市政设施建设、井下充填、生态修复、土壤治理等领域的规模化利用。着力提升工业固废在生产纤维材料、微晶玻璃、超细化填料、低碳水泥、固废基高性能混凝土、预制件、节能型建筑材料等领域的高值化利用水平。组织开展工业固废资源综合利用评价，推动有条件地区率先实现新增工业固废能用尽用、存量工业固废有序减少。

（20）针对部分固废成分复杂、有害物质含量多、性质不稳定等问题，分类施策，稳步提高综合利用能力。积极开展钢渣分级分质利用，扩大钢渣在低碳水泥等绿色建材和路基材料中的应用，提升钢渣综合利用规模。加快推动锰渣、镁渣综合利用，鼓励建设锰渣生产活性微粉等规模化利用项目。探索碱渣高效综合利用技术。积极推进气化渣高效综合利用，加大规模化利用技术装备开发力度，建设一批气化渣生产胶凝材料等高效利用项目。

（21）加快磷石膏在制硫酸联产水泥和碱性肥料、生产高强石膏粉及其制品等领域的应用。在保证安全环保的前提下，探索磷石膏用于地下采空区充填、道路材料等方面的应用。支持在湖北、四川、贵州、云南等地建设磷石膏规模化高效利用示范工程，鼓励有条件地区推行"以渣定产"。

（22）按照无害化、资源化原则，攻克赤泥改性分质利用、低成本脱碱等关键技术，推进赤泥在陶粒、新型胶凝材料、装配式建材、道路材料生产和选铁等领域的产业化应用。鼓励山西、山东、河南、广西、贵州、云南等地建设赤泥综合利用示范工程，引领带动赤泥综合利用产业和氧化铝行业绿色协同发展。

第三节　固体废物资源化利用相关标准规范及政策法规体系逐步健全和完善

一、新修订的固体废物环境防治法将有力促进固体废物资源化利用行业规范发展

2020 年 4 月 29 日，十三届全国人大常委会第十七次会议审议通过了修订后的《中华人民共和国固体废物污染环境防治法》，自 2020 年 9 月 1 日起施行。明确固废污染防治坚持减量化、资源化和无害化原则，强化政府及其有关部门监督管理责任，明确目标责任制、信用记录、联防联控、全过程监控和信息化追溯等制度；建立电器电子、铅蓄电池、车用动力电池等产品的生产者责任延伸制度，加强过度包装、塑料污染治理力度；完善危险废物污染环境防治制度，加强危险废物跨省转移管理，规定电子转移联单，明确危险废物转移管理应当全程管控、提高效率等；对违法行为实行严惩重罚，提高罚款额度，增加处罚种类，强化处罚到人，同时增加规定了违法行为的法律责任。

二、我国全面禁止固体废物进口，开启再生资源原料进口新纪元

2020 年 11 月 24 日，生态环境部、商务部、国家发改委、海关总署联合发布《关于全面禁止进口固体废物有关事项的公告》，明确我国自 2021 年 1 月 1 日起全面禁止进口固体废物。今后凡符合《再生黄铜原料》（GB/T 38470—2019）、《再生铜原料》（GB/T 38471—2019）、《再生铸造铝合金原料》（GB/T 38472—2019）、《再生钢铁原料》（GB/T 39733—2020）标准的再生黄铜原料、再生铜原料、再生铸造铝合金原料和再生钢铁原料，不属于固体废物，可自由进口。

三、高度重视塑料污染治理，"白色污染"综合治理列为重点改革任务

2020 年 1 月 16 日，国家发改委、生态环境部发布《关于进一步加强塑料污

染治理的意见》，明确禁止、限制部分塑料制品的生产、销售和使用，相关项目要向资源循环利用基地等园区集聚，提高塑料废弃物资源化利用水平；2020年7月10日，国家发改委等九部门联合发布《关于扎实推进塑料污染治理工作的通知》，明确禁限不可降解塑料袋、一次性塑料餐具、一次性塑料吸管等一次性塑料制品的政策边界和执行要求，对疫情防控等突发事件期间用于应急保障的一次性塑料制品予以豁免；2020年9月11日，国家发改委等十部门召开全国塑料污染治理工作电视电话会议，要求全面系统加强塑料污染全链条治理，联盟成员和专家委员团队在再生塑料资源化技术上取得了重大突破；2020年11月27日，商务部发布《商务领域一次性塑料制品使用、回收报告办法（试行）》，鼓励和引导减少使用、积极回收塑料袋等一次性塑料制品，推广应用可循环、易回收、可降解的替代产品；2020年11月30日，国务院办公厅转发国家发改委等部门关于加快推进快递包装绿色转型意见的通知，到2025年年底形成贯穿快递包装生产、使用、回收、处置全链条治理长效机制，电商快件基本实现不再二次包装，包装减量和绿色循环的新模式新业态取得重大进展。

四、国家危险废物名录（2021年版）发布

2020年11月25日，生态环境部、国家发改委、公安部、交通运输部、国家卫生健康委修订发布《国家危险废物名录（2021年版）》，自2021年1月1日起施行。明确铝灰渣和二次铝灰在回收金属铝的利用环节和未破损的废铅蓄电池运输工具满足防雨、防渗漏、防遗撒要求的运输环节纳入豁免清单；废油在《名录》中仍然列为危废，国家层面已加大长江流域废油污染治理力度。

同时，为进一步加大工业固废资源化利用率，以铅锌冶炼行业为例，较比2016版，《国家危险废物名录》修改了"铅锌冶炼过程中产生的废水处理污泥"（代码为321-022-42），修改成了"铅锌冶炼烟气净化产生的污酸除砷处理过程产生的砷渣"，明确废水处理产生的石膏经鉴别属于一般工业固体废物可以广泛运用于某些领域，进一步鼓励企业资源化利用石膏渣。

五、国家绿色产业示范基地建设工作启动

2020年7月14日，国家发改委发布《关于组织开展绿色产业示范基地建设的通知》，以示范引领绿色产业发展为目标，以提高绿色产业规模、质量、效益

为重点，以增强绿色产业综合竞争力为核心，选择一批产业园区开展绿色产业示范基地建设，最后确定发布了 31 家首批绿色产业示范基地，再生资源产业技术创新战略联盟积极协助江西丰城循环经济产业园成功入选首批绿色产业示范基地目录；2020 年 12 月 16 日，工业和信息化部公示拟公告符合废钢铁、废塑料、废旧轮胎、新能源汽车废旧动力蓄电池综合利用行业规范的企业名单，并于 2021 年 1 月 20 日正式发布公告，再生资源产业技术创新战略联盟多家成员单位入围。发布符合相关资源综合利用行业规范条件的企业名单将为加快行业转型升级，促进行业技术进步，推动行业高质量发展发挥引导和示范作用。

六、再制造产业发展政策环境逐步完善，将全面转入规范化、规模化发展新阶段

2020 年 8 月 11 日，国家发改委发布关于《汽车零部件再制造管理暂行办法（征求意见稿）》公开征求意见的公告。该办法依据《中华人民共和国循环经济促进法》《中华人民共和国报废机动车回收管理办法》，在充分总结 2008 年以来再制造试点工作经验基础上，着眼再制造产业规范化发展方向制定，是规范和推动汽车零部件产业链延伸、汽车后市场服务发展模式转变的管理制度和指导文件，标志我国再制造产业由试点探索全面转入规范化、规模化发展新阶段；商务部等七部门发布《报废机动车回收管理办法实施细则》，自 2020 年 9 月 1 日起施行，从资质认定和管理、监督管理、退出机制、法律责任等方面进行了明确规定，拆解的报废机动车"五大总成"具备再制造条件的按照国家有关规定出售给具有再制造能力的企业经过再制造予以循环利用；2020 年 12 月 24 日，工业和信息化部办公厅公布通过验收的机电产品再制造试点单位名单（第二批），对进一步提升机电产品再制造技术水平，推动再制造产业发展壮大具有重要意义。

七、目前我国工业固体废物处理产业面临的主要问题

（一）绿色金融支持的主要问题

1. 工业固体废物处理产业发展的投入机制不完善

目前，在工业固体废物处理产业发展过程中扮演着主导投融资角色的相关部门，没有及时建立适当的投融资机制，导致投资易出现瓶颈，固体废物处理产业发展所需资金严重不足。财政资金的下发是自上而下进行的，因此，导致财政项目与实际需求之间的衔接存在不对称的情况，使得财政资金难以被有效合理利用。而且由于工业固废处理产业发展需要先期投入，同时回报率较低，公益性较高，风险较大，因此，无法将大部分资金投入到相关领域。

2. 金融支持力度不足

目前，涉及工业固体废弃物处理的企业主要有三条资金来源，即政府投入，金融贷款和风险投资。由于工业固废处理产业的发展具有一定的风险，且时间成本较大，因此，多数商业银行在进行放贷审核时十分谨慎，风险评价严格，指标众多，且贷款时限短，额度低，这就导致很多前景长远但现实风险较高的工业固体废物资源化企业得不到充足的资金支持而无法大规模产业化。

3. 企业通过上市融资的数量不足

根据 A 股及港股上市公司公布的 2019 年中报，我国共有 71 家上市公司涉及固体废物处理与资源化领域，其中 24 家固废处理与资源化 A 股环保上市公司，11 家港股上市环保上市公司所营业务与工业固废资源化直接相关。这些企业主要有长青集团（002616）、海螺创业（HK0586）、伟明环保（603568）、启迪环境（000826）等。以启迪环境为例，启迪环境拥有较为完整的固废处置业务产业链，包括垃圾焚烧发电、生活垃圾填埋、餐厨垃圾资源化、固废资源化等业务，2018 年，启迪环境的再生资源处理业务收入 9.9 亿元，营收占比 18.14%，环保设备安装及技术咨询业务收入 21.1 亿元，营收占比 19.23%。启迪环境 1997 年上市前企业总资产为 4.37 亿元，1998 年 2 月上市后至今，企业融资规模逐渐增大，2018 年末总资产已经达到 399.53 亿元，增长了近 100 倍，这都为启迪环境的固废资源化技术应用和推广提供了强有力的资金保证。但由于固废处理产业发展的人力、财力和时间成本都较高，导致市场持观望态度，造成很多相关企业上市融资力度不强，融资比例较小。

（二）行业门槛高，市场集中度低的问题

受国家经济发展，城镇化水平不断推进的影响，我国固废危废处置行业存在巨大的市场缺口，行业相关的企业数量也在迅速扩张。但受到行业本身存在一定的市场壁垒和资金壁垒，具有相关经营许可证书的企业较少，因而行业集中度较差，目前，我国固废危废处理领先的企业有高能环境、浙富控股等。

　　高能环境主业涵盖环境修复与固废处置两大领域，形成了固废危废处理、生活垃圾处理、环境修复三大核心业务板块，兼顾水处理、烟气处理、污泥处置等其他领域协同发展。近年来，公司顺应减污降碳的时代趋势，深化固废危废资源化利用为重点战略方向的业务布局。2018年以来，高能环境固废危废资源化利用业务的营业收入总体上保持增长的态势，2021年增长提速，营业收入共计34.94亿元，较2020年增长了156%，占2021年总营业收入的44.65%。2022年上半年高能环境的营业收入为39.97亿元，较2021年同期增长了18.55%；固废危废资源化利用业务的营业收入为16.7亿元，同比增长了51.8%。

　　浙富控股业务领域主要涉及危废资源化、清洁能源装备板块。在"清洁能源、大环保"发展战略指引下，公司聚焦危险废物无害化处置及资源化回收利用领域，拥有集危险废物"收集-贮存-无害化处理-资源深加工"前后端一体化的全产业链危废综合处理技术与设施。2020年以来，浙富控股加快布局固废危废资源化利用领域，并取得了优异的成效，2021年浙富控股固废危废资源化利用业务的营业收入为131.2亿元，较2020年增长了78.26%，占2021年总营业收入的92.82%。2022年上半年浙富控股的总营业收入为78.04亿元，较2021年同期增长了13.54%；固废危废资源化利用的营业收入为73.72亿元，同比增长了13.63%。2018年以来，高能环境和浙富控股对于科研投入都较为重视，持续增加对于技术和项目的研发投入，高能环境在此期间的费用投入较为稳定，保持增长的态势，浙富控股2020年在固废危废资源化利用领域布局过后，研发费用激增，2020年过后，研发费用大幅度增长。2022年前三季度高能环境的研发费用为1.62亿元，较2021年同期增长了24.47%，占总营业收入的2.62%；浙富控股的研发费用为4.73%，同比微涨了0.3%，占总营业收入的4%。两家企业对于固废危废处置行业的技术研发都较为重视，研发费用逐年递增，但总体上占总营收的比重小，存在较大的增长空间。

　　2022年上半年，高能环境在科研专利上取得了显著的成果，公司及下属子公司新增32件授权专利，并持续加大工程建设，在建的4个项目中，3个逐步开始投产运营，并获得了危废经营许可证，另外一个项目预计年底前可投入运营。其间，浙富控股则着重拓展动力电池回售业务，新增废旧动力蓄电池拆解生产线4套，年拆解新能源汽车废旧动力蓄电池4万吨，积极布局动力蓄电池回售拆解单位产生的废液、废渣等危险废物的处置市场。

八、加强工业固体废物处理产业发展的绿色金融支持的建议

（一）完善政策，健全机制

在资金扶持方面，第一，财政资金应适当增加划拨用于固废处理产业发展方面的额度，同时可以建立规模性的固废处理技术推广引导基金，依靠市场的力量，充分运作引导基金，吸引社会资本共同推动工业固废资源化技术的推广和发展。第二，应增加固废处理企业在多层次资本市场融资的财政补贴，并建立相关企业贷款的风险补偿和财政贴息等。第三，应建立并完善工业固废处理企业科技金融信用体系，建立并完善信用征集和信用评级体系，构建信用激励与约束机制。第四，应建立健全固废资源化企业库、固废资源化技术科技金融机构库等，政府根据评级择优推广并引导资金支持。第五，在工业园区应设立融资服务机构，搭建综合性的金融服务平台，为工业固废处理产业发展提供全方位、"一揽子"的融资服务。

（二）提高金融行业支持力度，创新绿色金融产品

1. 加大商业银行绿色信贷规模，创新绿色信贷模式

绿色信贷业务的创新关键在于对授信原则的创新。金融机构开展绿色信贷业务，在授信审查中，必须将拟授信对象的环境表现作为重要风险审查因素之一，设计相关的能反映企业环境保护表现的评价指标体系和评价标准，以便进行统一评判。绿色信贷授信原则应充分考虑与工业固废产业发展有关的因素，支持有关项目和企业的发展。

2. 加强融资租赁服务

工业固体废弃物处理离不开大量设备的使用。因此，在工业固体废弃物资源化技术推广过程中，设备的安装、使用和更新是主要内容之一，也是相关企业需要投入并占用大量资金的投入成本。因此，金融机构可以通过支持相关设备的流通使用来进行，这是相当重要的一个影响途径。银行在绿色信贷创新服务过程中，要注重对需求市场进行划分，针对客户的个性化、差异化需求来提供信贷产品，可为其所有可能流通使用环节中的制造商、供应商、融资租赁商、服务商、终端用户等不同主体提供相应的融资服务，这样就使得一个链条或者一个网络中不同主体均有机会获得资金支持，保障流通使用链条的通畅。

（三）优化证券市场环境

通过股票、债券等金融手段融合市场资金和社会资本，能为工业固废处理产业发展提供一定的金融支持。同时，相关企业也需要通过不断的技术更新和创新，不断壮大，通过重组、控股等方式组建企业集团，在短时间内争取上市融资。

第四节　科技创新驱动固体废物资源化利用产业提质增效

科技创新是二十大报告中的关键词、高频词，将"三位一体"推进科技、教育、人才等工作。《"十四五"生态环境领域科技创新专项规划》《关于进一步完善市场导向的绿色技术创新体系实施方案（2023—2025 年）》等重要文件陆续出台，支持培育一批绿色技术领军企业、绿色低碳科技企业、绿色技术创新领域国家级专精特新"小巨人"企业。

科研投入持续加大，2021 年我国废弃资源综合利用业科技经费投入 58.6 亿元，同比增长 52.6%。2022 年"固废资源化"重点专项取得一批重要成果累计攻克整装成套固废资源化利用技术 120 项以上，新建示范工程 200 多个。

"十四五"期间，"循环经济关键技术与装备"作为首批启动的重点专项，以国家重大战略需求和解决行业关键共性问题为导向，突出固/危废精准控制、核心装备研制和技术产业转化 3 个方面。重点聚焦赤泥等大宗固废源头减量与协同利用、塑料产品绿色设计与回收、手机/平板智能终端与电动汽车拆解等方面的科技创新我国还将实施新修订的科技进步法，加大对青年人才支持力度，实施国家重点研发计划青年科学家项目，为实现高水平科技自立自强提供支撑。

为深入贯彻党的二十大精神，积极落实《中华人民共和国环境保护法》《中华人民共和国固体废物污染环境防治法》《中华人民共和国土壤污染防治法》相关要求，充分发挥先进技术在固体废物和土壤污染防治工作中的作用，2023 年 1 月 29 日生态环境部办公厅发布《关于推荐先进固体废物和土壤污染防治技术的通知》，此次推荐先进技术的重点领域包括：

（1）城市、农村生活垃圾处理处置及资源化技术；

（2）污泥、餐厨垃圾、畜禽粪便、秸秆等有机固体废物处理处置及资源化技术；

（3）医疗废物、垃圾焚烧飞灰、废矿物油、废铅酸蓄电池等危险废物处理处置及资源化技术；

（4）废弃电器电子产品、退役动力电池、光伏组件、风电机组叶片等处理处置及资源化技术；

（5）工业副产石膏、尾矿、冶炼渣等典型大宗工业固体废物处理处置及资源化技术；

（6）持久性有机污染物、内分泌干扰物、抗生素、微塑料等新污染物防治技术；

（7）污染地块、农用地、工矿用地的土壤污染防控、修复技术；

（8）地下水污染风险管控和修复技术。

磷石膏作为工业副产石膏的主要来源之一，也是工业副产石膏中占比最大的种类，其综合利用技术备受关注，尤其是近年来国家对以工业副产石膏为代表的大宗固废的处理处置与资源化利用的高度重视。

一、工业副产石膏综合利用工艺技术设备不断创新

（一）与工业副产石膏综合利用相关的工艺技术设备汇总

2021年12月15日，工业和信息化部、国家发展和改革委员会、科学技术部、生态环境部为贯彻落实《中华人民共和国固体废物污染环境防治法》，加快工业资源综合利用先进适用技术装备推广应用，持续提高资源利用效率，编制并公告《国家工业资源综合利用先进适用工艺技术设备目录（2021年版）》。目录包括研发类、应用类、推广类三大类型，又分别包括工业固废减量化、工业固废综合利用、再生资源回收利用三大类别的先进适用工艺技术设备共94个。其中，与工业副产石膏综合利用相关的工艺技术设备汇总如下所述。

1. 耐水石膏基自流平砂浆工艺技术

技术装备简介：技术通过激发剂与pH值调节剂对原材料进行激发与调整，使石膏的针状晶体交织在一起生成致密结构，显著提高材料的抗压强度，并加入适量云母粉产生二维片状阻隔，有效提高材料的抗渗透性、耐磨性、耐腐蚀性等。

关键技术：

（1）耐水石膏基自流平砂浆优化配方；

（2）改性激发剂。

主要技术指标：材料抗压强度达 30 MPa 以上；软化系数 0.6 以上；吸水率小于 10%；磷石膏掺量达到 85% 以上；3～5 min 混合均匀。

具体适用范围：工业副产石膏综合利用。

2. 钛石膏资源化利用技术成套装备

技术装备简介：采用超滤膜组件将钛白企业的酸性废水中的偏钛酸进行回收，通过纳滤膜组件将酸性废水中的硫酸亚铁和硫酸进行分离，分离出的硫酸亚铁回用，净化的稀硫酸送至中和长晶工序。长晶完成的钛石膏浆液再经脱水分离、低温慢烧处理后变成半水石膏产品或深加工成石膏制品。

关键技术：

（1）酸性废水净化技术；

（2）钛石膏中和长晶技术；

（3）钛石膏脱水技术；

（4）钛石膏低温慢烧技术。

主要技术指标：钛石膏晶体粒径增长至 60 μm 以上，石膏品位提高到 90% 以上，钛石膏附着水降低至 12% 以下，可溶性镁、钾、钠均满足《脱硫石膏》（GB/T 37785—2019）二级标准，建筑石膏粉性能达到《建筑石膏》（GB/T 9776—2008）3.0 级指标，α 高强石膏性能达到《高强石膏》（JC/T 2038—2010）α50 指标。

具体适用范围：钛石膏综合利用。

3. 工业副产石膏二次煅烧设备

技术装备简介：以脱硫石膏等工业副产石膏为原料，通过烘干、二级煅烧技术。

关键技术：工业副产石膏综烧设备二级煅烧、改性、脱硝等工艺生产熟石膏粉，产品可用于生产石膏板、石膏粉料、石膏砌块等。该设备利用热源系统提供的热源介质与回流烟气混合脱硝，实现烟气达标排放，且可降低能耗。

主要技术指标：石膏结晶水控制在 5%～7%，成品熟合利用石膏粉料物相组成较为均匀。

具体适用范围：工业副产石膏综合利用。

4. 改性工业副产石膏隔墙条板工艺技术

技术装备简介：主要包括智能感应、数字化控制、插拔管、出板和三废集中模块处理等系统。利用工业副产石膏生产隔墙条板，产品一次性浇筑成型，无须基压养护，生产过程实现自动化控制。

关键技术：自动化固定生产线，主要包括智能感应系统，数字化控制系统，插拔管系统，出板系统和三废集中模块处理系统。

主要技术指标：工业副产石膏（磷石膏、脱硫石膏）掺加量可达到 85%，激发剂添加量 1%，制品质量、性能达到国家标准，生产过程废水、粉尘"零排放"。

具体适用范围：适用于利用工业副产石膏生产建筑板材。

5. 工业副产石膏资源化综合利用成套技术及装备

技术装备简介：该技术以磷石膏、钛石膏、脱硫石膏、柠檬酸石膏等工业副产石膏为原料，采用水热法工艺，通过同步转化-纯化-构型过程控制、最佳晶型调整、高效离心等关键技术，产出高附加值的生态型高性能胶凝材料。

关键技术：

（1）"水热法"工艺；

（2）钙法除硫酸根技术；

（3）同步转化-纯化-构型过程控制技术；

（4）最佳品型调整技术；

（5）高效离心机技术。

主要技术指标：废水处理后 SO_4^{2-} < 2 g/L；产品细度（0.125 mm 方孔筛）筛余量 ≤5%，初凝时间 ≥3 min，终凝时间 ≤30 min，2 h 湿抗折强度 ≥6 MPa，烘干抗压强度 ≥50 MPa。

具体适用范围：工业副产石膏综合利用。

6. 磷石膏轻集料生产线

技术装备简介：该技术是将磷石膏通过改性、陈化、搅拌、造粒、包裹、自然养护、打磨筛分等工艺制成轻集料，实现磷石膏资源化利用。

关键技术：

（1）改性陈化技术；

（2）造粒成球技术；

（3）集料包裹线。

主要技术指标：细数≥0.150 mm（100目），pH值≥8.0，成球粒径≤19 mm，粒径系数<2.0，成球率≥96%；筛分粒径5~26.5 mm。

具体适用范围：利用磷石膏生产轻集料。

7. 石膏现浇墙技术

技术装备简介：以经煅烧的工业副产石膏、粉煤灰、矿渣等工业固废为原料，添加改性剂后调配为复合浇筑料，在施工现场加水配制浆料、泵送到工作面，经模箱浇注、现场作业，直接成型为建筑墙体。

关键技术：激发改性技术，改性剂。

主要技术指标：利用多种物料协同作用使工业副产石膏粉、粉煤灰、矿利用工业副产石膏现浇墙软化系数提高到0.8以上，抗压强度达到8 MPa以上。

具体适用范围：利用工业副产石膏粉、粉煤灰、矿渣等工业固废综合利用。

8. 工业副产石膏干法生产高强度石膏工艺及装备

技术装备简介：将工业副产石膏加入回转式蒸压釜，利用其自身水分在蒸压釜内完成团球、蒸养转晶、烘干等工序，经排气干燥后产出高强石膏。

关键技术：回转式蒸压釜。

主要技术指标：产品强度达到《α高强石膏》（JC/T 2038—2010）α25~α50等级；能耗低于传统工艺50%。

具体适用范围：工业副产石膏综合利用。

（二）与工业副产石膏综合利用相关的工艺技术设备汇总

2023年7月28日，工业和信息化部、国家发展改革委、科技部、生态环境部四部委共同发布《国家工业资源综合利用先进适用工艺技术设备目录（2023年版）》，旨在加快工业资源综合利用先进适用技术装备推广应用，持续提高资源利用效率和水平。该目录共涉及88项工艺技术设备，包括工业固废减量化、工业固废综合利用、再生资源回收利用及再制造4个领域，数十个涉及建材行业的工艺技术设备入选。

1. 大型流态化焙烧磷石膏制备高附加值材料关键技术

技术装备简介：磷石膏利用热烟气作为流态化动力，通过预热干燥，两级旋风预热器、流化床煅烧炉焙烧和换热，再进行冷却，制备合格的建筑石膏粉或无水Ⅱ型石膏粉产品。该技术有效利用系统整体热能，达到了降低单位产品能耗的目的。

关键技术：磷石膏流态化煅烧装备技术。

主要技术指标：以二水石膏生产每吨建筑石膏粉的热耗≤360000 kcal（折标煤≤53 kgce），比传统炒制法降低15%以上。

具体适用范围：工业副产石膏综合利用。

2. 磷石膏空心砌块半干法连续生产工艺技术

技术装备简介：该技术（设备）采用"添加自制外加剂和β型二水石膏促凝"技术，以增强建筑磷石膏粉的分散性能、控制水化时间和水化程度。该技术可减少掺水量，缩短成型时间，降低产品含水率，制备磷石膏空心砌块，产品不需要烘干或晾晒即可出厂，实现连续化高效率生产。

关键技术：

（1）添加外加剂技术；

（2）高速剪切混合搅拌技术；

（3）快速双面加压模具成型技术；

（4）利用水化热蒸汽线上行走自然养护技术；

（5）水化时间和水化程度的精准控制技术。

主要技术指标：掺水量为煅烧磷石膏质量的30%，成型时间为25～30 s，产品含水率≤20%，单套装置年产能10万～12万平方米。

具体适用范围：煅烧磷石膏、脱硫石膏制备空心砌块。

3. 脱硫石膏用于建筑楼板保温隔声系统的工艺技术及设备

技术装备简介：该技术主要是对电厂排放的固体废弃物脱硫石膏进行脱水、化学反应及增大比表面积的处理，得到化学成分稳定、强度高的脱硫石膏，可替代传统的水泥作为胶凝材料，制备具有保温隔声性能的地坪材料。

关键技术：

（1）脱硫石膏煅烧及粉磨改性工艺和设备；

（2）石膏基自流平的生产工艺和设备；

（3）系统构造工艺技术。

主要技术指标：三相、低标稠、高强度的建筑石膏，满足《建筑石膏》

（GB/T 9776）中 S4.0 的要求；脱硫石膏比表面积≥450 m^2/kg，可替代水泥作为胶凝材料。

具体适用范围：脱硫石膏制造保温隔声材料。

4. 发酵工业副产石膏资源化综合利用成套技术及装备

技术装备简介：该技术装备在发酵石膏的形成过程中，对二水石膏的成核数量、晶体形貌进行调节和控制，最终获得有机物含量低、颗粒大、形貌佳的二水石膏。以该石膏为原料，通过反应釜、固液分离机、煅烧设备、闪蒸干燥等设备生产出高性能的石膏胶凝材料。

关键技术：

（1）有机物含量低、颗粒大、形貌佳的二水石膏成核数量、晶体形貌调控及制备技术；

（2）高性能石膏胶凝材料制备技术。

主要技术指标：

（1）高效原料预处理：常温、常压、臭氧浓度 0.2 ~ 2 mg/L；

（2）一次调浆水去母车间综合利用；

（3）二次调浆水循环利用 6 ~ 8 次后去母车间进行综合利用；

（4）α 型高强石膏：2 h 抗折强度大于 7.0 MPa，干抗压强度大于 59 MPa；

（5）性能指标达到 JC/T 2038—2010 中 α50 等级；

（6）β 石膏粉：初凝 19 min，终凝 26 min，2 h 抗折 3.5 MPa，性能指标达到 GB/T 9776—2008 中 3.0 等级。

具体适用范围：副产石膏综合利用。

二、工业副产石膏利用途径不断拓展

（一）磷石膏、有色金属副产工业石膏制备水泥缓凝剂

天然石膏和脱硫石膏等是水泥缓凝剂的主要原材料。随着经济社会的快速发展，水泥产量增长迅猛，石膏的消耗量不断增加，优质石膏矿逐步减少，迫切需要石膏原材料的替代品，这就为磷石膏在水泥缓凝剂方面的应用创造了条件。但是磷石膏中杂质多，石膏纯度较低，严重影响水泥凝结性能，降低水泥强度。因

此需要对磷石膏做除杂处理，通过物理化学措施，去除磷石膏中的磷、氟等物质，达标后方可用于制备水泥缓凝剂。目前主要的除杂工艺流程是水洗分离-中和-干燥-煅烧等。提高磷石膏品质、降低磷石膏生产水泥缓凝剂成本是磷石膏制备水泥缓凝剂的关键，这样才能加快磷石膏取代天然石膏和脱硫石膏的进程。

胡勇等人研究了蒸压改性磷石膏用作水泥缓凝剂，结果发现，蒸压法对于磷、氟杂质的钝化效果优于石灰-水洗法和煅烧法，将蒸压改性磷石膏用作水泥缓凝剂，各项性能指标均能达到天然石膏。李辉等人用电石渣和粉煤灰对磷石膏进行改性，并配制水泥，确定改性磷石膏的配比为磷石膏：粉煤灰：电石渣＝65：30：5，所制成的水泥缓凝剂性能优于天然石膏，且随着磷石膏掺量的增加，水泥缓凝性能不断提升。磷石膏制备水泥缓凝剂受磷石膏品质的影响很大，甚至会影响水泥的品质，所以，一方面需要研究性能更好的磷石膏制备水泥缓凝剂工艺，另一方面要建立严格的统一标准，规范行业发展。

目前，有色金属冶炼产生的石膏运用情况，湿法冶炼石膏主要用在水泥制成环节，加入配比为4%，目前产出的水泥满足《通用硅酸盐水泥》（GB 175—2007）标准。

（二）磷石膏、湿法有色冶炼石膏制备建材石膏

磷石膏的建材资源化利用既消纳了大量磷石膏，又能创造较高的产品附加值，是国家大力推广的磷石膏资源化利用途径。目前，磷石膏建材利用的主要途径有磷石膏墙体材料、磷石膏粉体材料和磷石膏模盒等。

磷石膏墙体材料主要产品有石膏板和石膏砖等。周华等人分析了纸面磷石膏板与纸面石膏板的性能差异，研究了纸面磷石膏板材料性能，发现纸面磷石膏板在抗剪强度、最大抗弯承载力、抗弯刚度、弹性模量、延性系数等力学性能方面均优于纸面石膏板。郭小雨等人以磷石膏为主要原料制备了磷石膏免烧砖，发现胶磷比为1：1时，磷石膏免烧砖的抗压强度随着成型压力的提高而显著提高，成型压力为10 MPa时，磷石膏免烧砖的抗压强度、软化系数、吸水率及冻融稳定性等随着胶磷比的增大而提高。

磷建筑石膏粉是磷石膏煅烧处理后制得的建材产品，具有较好的胶凝强度，可用于制备石膏基建筑材料。磷石膏粉体材料主要类型包括抹灰石膏、自流平石膏以及石膏腻子等。吴超等人采用磷建筑石膏、柠檬酸钠、甲基纤维素及玻化微珠为原料制备轻质抹灰石膏，并系统地分析了外加剂、轻集料对砂浆性能的影响

机制，结果发现，采用95%磷建筑石膏、5.0%玻化微珠并按磷建筑石膏质量外掺1.0%柠檬酸钠、0.20%甲基纤维素配制的砂浆样品性能可达到《抹灰石膏》（GB/T 28627—2012）中的轻质抹灰石膏性能的要求。张振环等人以磷石膏为原料制备了高性能的自流平材料，材料的物理及力学性能符合《石膏基自流平砂浆》（JC/T 1023—2021）的要求。唐刚等人用磷石膏制成建筑腻子，研究了产品的标准稠度需水量、凝结时间、表干时间、黏结强度和耐碱性等关键性能，结果表明其各项指标均优于国家标准。

石膏模盒是在工厂预制生产的新型石膏建筑材料，以石膏、纤维增强材料等为原材料，可制作空腹楼板填充材料，内置填充至现浇混凝土空心楼盖结构中，楼盖会变成"工"字形空腔结构，可显著提高楼盖结构承载力，大大节省钢材和混凝土，符合国家节能减排政策。据统计，1 m² 石膏模盒消耗工业副产石膏80 kg。然而，目前的相关规范标准还不够完善。

刘光成对石膏模盒用于现浇混凝土空心楼盖结构技术在市场推广应用过程中遇到的相关问题进行了探讨，结果显示，石膏模盒的市场认可度有待提高，需要国家出台相关政策和制订行业标准进行激励和规范，进一步鼓励和引导磷石膏建材利用产业的发展。

磷石膏制备建材石膏是一种主要的磷石膏综合利用方式之一，可以消耗大量的磷石膏，但是，我国磷石膏品质差异大，污染物较多，需要做好磷石膏的无害化处理，提高磷石膏品质，进而保障建材石膏产品的品质和安全。

以云南省某铅锌冶炼行业为例，石膏经过洗涤除杂后，石膏品质明显大幅度提高，可直接用于水泥缓凝剂和进一步深加工应用，若用于生产 β 石膏粉，则可进一步提高经济价值，开拓应用范围，延伸产品结构。

石膏粉是五大凝胶材料之一，在混凝土工业中用作硅酸盐水泥缓凝剂。如今石膏粉被广泛用于建筑、建材、工业模具和艺术模型、化工工业及农业、食品加工和医药医美等众多应用领域，已经成为一种重要的工业原材料。石膏粉的主要用途是以石膏粉为主要原料，添加少量其他工业原料，制造不同功效和用途的凝胶材料产品。如添加适量激发剂用于生产硬石膏水泥，用于软土地基的加固、墙体粉刷、机械模型、坑道支护和生产纤维压力板等；石膏粉还可用作混凝土膨胀剂、抗裂剂、自流平砂浆、抹灰砂浆的主要原材料；利用其黏接力强、隔声、隔热等特性，还被广泛用于生产黏土砖、水泥砌块、加气混凝土、粉煤灰砖、石膏砌块、石膏黏合剂等产品。

β 石膏粉既是一种产品，也是多用途产品的生产原材料，在市场应用中逐渐形成一套完整的品质及性能要求，主要考察石膏粉的白度、容重、标稠、凝结时间、抗折抗压强度等性能指标，同时考察石膏粉的结晶水、三相成分比例、F、Cl 离子等硬性量化指标。公司石膏通过改性、洗涤净化等措施，其烧制的 β 石膏粉产品完全满足市场指标要求，多被用于生产抹灰砂浆和自流平砂浆，少量被用于生产石膏砌块等产品。

（三）磷石膏制备粒状硫酸铵

为减少磷石膏对环境的污染，解决磷石膏的堆存问题，何兵兵等人探索了磷石膏综合利用新途径，研究了磷石膏制备硫酸铵的反应机理与本征动力学速率方程，通过理论研究与实验论证发现，磷石膏制备硫酸铵反应是在磷石膏与碳酸铵的固液界面上进行的，磷石膏和碳酸铵的反应速率随着反应时间的延长而降低，前 10 min 反应速率最快，之后开始逐渐降低，反应速率常数随着温度升高而增大。2012 年瓮福集团建成国内首套年产 25 万吨的磷石膏制备粒状硫酸铵装置。磷石膏在净化-分离后，石膏品质大幅提升，再浆化与碳酸铵按比例混合后进入反应釜反应，最后再经分离-结晶-干燥工艺后制备成硫酸铵成品。该装置运行稳定。磷石膏制备粒状硫酸铵产业化、市场化开辟了磷石膏资源化利用新途径，使瓮福集团的磷石膏综合利用达到了领先行业水平，利用率达28%。生产出达到国际标准的硫酸铵合格产品，对促进我国磷化工行业的技术进步、产业结构调整和可持续发展具有重要意义。磷石膏制备硫酸铵是磷石膏资源化利用的重要方向之一，但是该途径消耗的磷石膏量有限，未来应加大开发绿色环保的磷石膏制备硫酸铵的生产工艺，降低生产能耗和污染物排放，提高产品品质。

（四）磷石膏制备硫酸

磷石膏遇高温分解，即硫酸钙分解，其中的硫元素可用于生产硫酸，钙元素可用于生产水泥等产品，不仅利用了磷石膏中的钙资源，不排放固体废渣，还为磷肥企业提供着生产用的硫酸。其中较为成熟的技术是磷石膏制硫酸联产水泥，目前，国内已有多套该技术的在线生产装置，经过多年的生产实践，不断优化，积累了丰富的建设和生产经验。一般认为，采用不同的还原剂磷石膏分解为 CaO

的温度为 950～1200 ℃，生产能耗高。为了探索低能耗分解磷石膏制备硫酸工艺技术，并充分利用磷石膏中的钙元素，蒋兴志等人在 40 ℃低温条件下用双极膜电渗析技术处理磷石膏分解液，制备硫酸，同时磷石膏中的钙离子转变为轻质碳酸钙，研究结果表明，磷石膏中硫酸根的回收率在 80% 以上，能耗仅为 0.31 kW·h/mol。磷石膏制备硫酸虽然可以充分利用硫元素，但是采用分解的方式，能耗较高，需要权衡资源利用和能耗之间的关系，尤其是当前双碳目标的提出，开发能耗低、效率高的磷石膏制备硫酸工艺是今后的研究方向。

（五）磷石膏制备土壤改良材料

磷石膏中富含植物生长所必需的钙、铁、锌、锰和硅等营养元素，对植物生长有促进作用，不仅使植物酶活化，作物品质改善，还具有增强抗病和抗旱能力，并且长期使用磷石膏可以减缓作物连作障碍。磷石膏微溶于水，溶解度约为 2.5 g/L，其溶解性比石灰好，可以长时间持续释放离子，维持土壤溶液的离子浓度，为植物生长补充必需的离子。土壤中施用磷石膏与氨水、碳酸氢铵等氮肥反应，显著提升土壤的固氮、保氮能力；磷石膏与尿素反应，可制成长效氮肥，其氮素释放速度仅为单一尿素的 50%，提高了肥效，降低了用量。因此磷石膏是一种性能优异的土壤改良材料，用于盐碱地治理和酸性土壤治理。磷石膏改良盐碱土的危害主要针对盐害和碱害。盐碱地改良的根本方法是将 Na^+ 从土壤胶体上置换出来，磷石膏主要成分是硫酸钙，硫酸钙与 CO_3^{2-}、HCO_3^- 反应生成 $CaCO_3$、$Ca(HCO_3)_2$ 的过程能够降低土壤 pH 值，从而减少碱性对作物的伤害。展争艳等人研究了磷石膏改良盐碱地的技术和原理，并将该技术应用于甘肃引黄灌区重度盐碱地改良，建立应用示范，取得了较好的治理效果：不同的磷石膏施用量，均能发挥较好的降低土壤碱性和盐分含量的效果；随着磷石膏用量的增加，盐碱改良效果不断提高；当磷石膏用量为 12.0 t/hm^2、土壤调理剂用量为 1.5 t/hm^2 时，盐碱地改良效果最佳，作物产量增加最大，增产率超过 18%。磷石膏还可以改良酸性土壤，效果优于石灰。磷石膏改良酸性土壤的原理是磷石膏中的钙离子交换了土壤中的铝离子，SO_4^{2-} 与 OH^- 发生离子交换，降低了土壤溶液中铝浓度和毒害，进而改良酸性土壤。施用磷石膏还可以有效改善土壤的物理性状。舒艺周采用磷石膏和生物质炭联合改良云南红壤，抑制土壤酸化，改良红壤理化性质；磷石膏和生物质炭协同作用，治理效果显著提高，土壤的物理化学性质得到有效改善，具体表现在土壤孔隙增加，密度下降，透气透水性提高，而且土壤中碳、氮、磷、硫等营养成分增加，适合植物快速生长。磷石膏制备土壤改良材料应用前景广阔，但是要做好磷石膏无害化处理，消除对环境的二次污染。

（六）磷石膏制备农业肥料

磷石膏中含有磷、镁、钙、铁、锌和锰等农作物生长必需的元素，对农作物生长具有促进作用，可作为中微量元素肥的原料。磷石膏肥用作农业肥料，对提高农作物产量和品质，发挥了较好的作用。俄罗斯的学者 EFREMOVA 等人研究中和磷石膏用于农业，通过合理的中和磷石膏施用方法，与矿肥配施，有助于提高土壤肥力，降低土壤酸度，进而提高农产品质量。俄罗斯的学者 MARIA 等人也在水稻作物中定期使用中和磷石膏的研究中得到了相似的结论。为了进一步提高磷石膏肥的农业应用效果，谷林静等人将菌根技术应用于增强磷石膏农用，取得了较好的强化效应。磷石膏农用还有助于减少农作物生长碳排放。吴洪生等人研究了小麦种植过程中施用磷石膏废料对减少温室气体排放的作用，发现磷石膏可以同时实现缓解农业温室气体、刺激作物生长和保护环境的目的。李季等人通过在麦田施用磷石膏废渣，研究了其对小麦生长氧化亚氮（N_2O）和 CO_2 排放的影响，结果表明，磷石膏作为减排剂施用，不仅可以减少环境污染，还能促进小麦生长，减少 N_2O 和 CO_2 排放，对发展生态农业并缓解温室效应具有重要的应用价值。磷石膏用于农田肥料效果好，成本低廉，但需要重点关注磷石膏中重金属等有害成分，确保不会对农作物造成污染，进而进入食物链，对人体健康构成威胁。

（七）磷石膏制备纸箱

新型磷石膏包装箱主要以磷化集团的无水石膏作为填料参与 PVC 原料的生产，通过技术手段加工而成，对比传统纸箱，具有防水防潮、性能强韧、色彩丰富等特点。产品将大幅减少林木砍伐以及减少纸制品加工生产过程中的废水污水污染，具备很强的市场竞争力。据了解，贵州磷化集团目前拥有 30 万吨/年无水石膏生产线，产品以磷石膏为原料，经过高温煅烧后磨细制成。高温煅烧后，其硬化体的耐水性、耐磨性优异，将无水石膏粉研磨并活化改性后，可用于替代重质碳酸钙、轻钙等填料，可用于制作磷石膏基的市政雨污水管材、电力和通信管材、复合树脂检查井盖、可降解地膜等十余种新产品。

（八）磷石膏用于路基填筑

磷石膏制备轻骨料是以磷石膏为主要原材料，添加少量的碱性激发剂和活性硅铝矿物掺合料，通过造粒成球工艺，经自然水化反应生成钙矾石和 C-S-H 凝胶将二水硫酸钙进行固化成型的一种骨料。采用碱性激发剂（水泥熟料或生石灰）对原状磷石膏进行预处理形成改性磷石膏，消解磷石膏中的缓凝因子，提高 pH 值，当整体物料体系 pH 值达到 11.5 时，再添加少量 CaO（质量分数 0.1% ~ 0.5%）、矿物掺合料、碱性激发剂通过圆盘造粒机制备成球体，将成品球体状颗粒泡水养护，养护过程中水的 pH 值达到合适的碱度条件下，生成钙矾石和 C-S-H 凝胶将二水硫酸钙进行固化，并将物料体系中未反应磷石膏结合成一个密实的、强度不断增强的整体，从而实现磷石膏大掺量的方式制备一种优质的磷石膏轻集料，其特点具有质量轻、强度高、孔隙多、生产成本低等优点，可代替部分普通碎石用于道路基层稳定材料当中。

近年来，湖北、云南也相继出台了一些磷石膏路面基层应用的地方标准和团体标准。利用磷石膏进行道路基础建设，需要在最初设计方案时就进行详细调研勘察，针对当地的地质水文特点、使用部位、材料特点、道路等级和交通情况等进行专项设计，做好相应防范措施及稳定耐久性观测点设置。道路是几十年甚至上百年的工程，通过对多条道路长期跟踪观测，掌握关键性数据，有助于更好指导今后的磷石膏综合利用和应用项目。

在荆门市东宝工业园区，磷石膏路基材料是将磷石膏通过水洗、酸碱中和等工艺处理，转化为无害化原料，和水泥、工业固化剂混合而成。和传统的由石料、水泥混合而成的路基材料相比，磷石膏路基材料的密实度和强度更高，能够提高路面的抗压强度和抗减强度，保证道路基层的稳定性。此外，使用磷石膏路基材料更加节约成本。在荆门市东宝工业园区，有一条长 900 m 的路段，该路段使用了掺量（质量分数）15% 的磷石膏路基材料，这是将磷石膏路基材料应用于市政道路的一次尝试。该路段通过质量、安全、环保评定，符合相关道路建设标准，目前使用状况良好。

新洋丰农业科技股份有限公司积极探索大掺量磷石膏路基材料的使用。在新洋丰农业科技股份有限公司无水氟化氢项目、新洋丰中磷，以及在荆门市荆东大道一条 800 m 长的路段，都进行了掺量 85% 以上磷石膏路基材料试验。比例提高后，1 km 路段可消纳磷石膏 8000 t 左右。应用于路基材料为磷石膏综合利用提供了一条"新路径"，得到了政府部门的大力支持。由荆门市东宝区住建局牵头召开产销对接协调会，确定了东宝区物流园路、新生路、Z10、V11等7条共11 km路段使用磷石膏路基材料，计划全部开工后预计消纳磷石膏2万余吨。另外，荆门市交通局已将磷石膏路基材料纳入G347、S311、S331、S266部分路段的设计方案，计划在这些路段大规模使用磷石膏路基材料。目前，荆门市级地方标准《道路基层用改性磷石膏材料应用技术规程》已通过立项评审，新洋丰农业科技股份有限公司作为起草单位正在积极组织开展专家论证、试验对比、环境监测等工作，推动相关规程早日落地，促进荆门市磷石膏综合利用产业健康发展。

（九）磷石膏砂浆喷筑复合墙体

2022年12月26日《磷石膏砂浆喷筑复合墙标准图集　第三部分：原位模板——磷石膏砂浆喷筑复合墙体》（黔2022/T123）作为贵州省标准设计图集实施。贵州省磷石膏砂浆喷筑复合墙体在经历了第一代"轻钢龙骨＋钢模网"和第二代"轻钢龙骨＋专用网格布"发展的基础上，正式进入了新的发展体系阶段。目前磷石膏砂浆喷筑复合墙体主要有冷弯薄壁型钢、轻钢龙骨、原位模板和PVC空腔内模等体系。其中，冷弯薄壁型钢、轻钢龙骨和原位模板的磷石膏砂浆喷筑复合墙体相关图集贵州省住建厅均已发布，且冷弯薄壁型钢和轻钢龙骨已有相应的团体标准，原位模板的团体标准也正在编制之中。原位模板磷石膏砂浆喷筑复合墙体是以工业化建造方式为基础的空腔骨架型墙体，即将原位模板、辅件、填充材料通过现场装配后与建筑内装系统、设备及管线系统协同设计、标准化生产和模块化施工的墙体系统。该墙体属于装配式墙体，可按非砌筑墙体计入装配建筑评分。同时，通过墙体工艺的优化，以机械喷筑或灌筑的方式完成墙体的施工，可实现绿色文明施工，提升施工效率，缩短工期，节约人工成本等效果。

2023年2月27日，贵州省住房和城乡建设厅网站发布消息，由贵州省建筑设计研究院有限责任公司主编的《磷石膏砂浆喷筑复合墙标准图集　第二部分：PVC空腔内模——磷石膏砂浆喷筑复合墙体》已编制完成，经省住房城乡建设厅组织专家评审通过，同意作为贵州省标准设计图集，编号为黔2023/T124，自2023年2月27日起实施。

三、冶金固体废物综合利用技术进展

（一）钢渣综合利用现状

钢渣种类多样，除了转炉炼钢过程排放的转炉钢渣，其他还有电炉炼钢过程排放的电炉钢渣、不锈钢冶炼过程排放的不锈钢钢渣，也有企业把铁水预处理、精炼等炼钢相关工艺排放的预处理渣、精炼渣、铸余渣等也算作钢渣。部分钢铁厂将这些废渣全部排放到渣场处理，不同的废渣被混合，大大增加了钢渣的利用难度。我国目前约90%的粗钢采用转炉炼钢工艺生产，钢渣中转炉钢渣对应占比接近90%。钢渣处理主要经过热态钢渣冷却和冷渣破碎磁选工艺，以实现回收10%～15%具有经济价值的铁质组分，同时剩余85%左右难以利用的钢渣尾渣。通常所说的钢渣即是指这部分磁选后的转炉钢渣尾渣。转炉钢渣安定性不良的特点正是钢渣难以利用的一个最重要因素。相关研究表明：钢渣尾渣含有安定性不良的游离氧化钙和游离氧化镁矿物，这些矿物在遇水后体积会膨胀为原体积的1.98倍和2.48倍，并且反应速度缓慢。如果这些矿物在建筑服役过程中发生水化，则会导致建筑出现开裂、鼓包甚至整体失去强度等。为了更好地利用钢渣，通常采用将钢渣与粉煤灰、煤矸石或矿渣复合双掺或三掺的办法加到水泥中，但钢渣在水泥中的实际掺量仍然小于10%。较少或不含水泥熟料的全固废胶凝材料中氢氧化钙类水化产物较少，将钢渣作为原料应用到这些新的全固废胶凝材料是提高钢渣掺量的一个有效办法。此外，将钢渣磨细至比表面积为550 m^2/kg 或更细被认为能够加速钢渣中游离氧化钙的反应速度，避免后期膨胀，有望成为钢渣利用的有效途径。但是粉磨成本是关键，目前，低成本粉磨技术仍在发展中。不同区域的钢渣成分变化大，根据钢渣特性进行分类利用具有重要意义。我国大部分区域的钢渣中 MgO 质量分数为3%～6%，然而鞍山、唐山和邯郸等地区部分钢铁厂的氧化镁质量分数为7%～13%。由于游离氧化镁在水化后的体积膨胀率是2倍以上，反应更缓慢，还缺乏成熟的检测方法，因此，氧化镁含量较高的钢渣的安定性不良隐患较大，对其使用需要更加谨慎。

由于冶炼工艺不同，电炉钢渣中的游离氧化钙和游离氧化镁含量相对较低，含铁组分的磁选效率较差。因此，电炉钢渣直接用作骨料的前景优于转炉钢渣。发达国家工业发展较早，社会废钢蓄积量多，主要采用以废钢为主要原料的电炉炼钢，电炉钢渣数量较多，欧洲和美国排放钢渣中超过一半的数量用于筑路，特

别是沥青路面，并取得很好的效果。我国钢渣的类型与发达国家不同，以转炉渣为主，电炉炼钢比例仅为 10% 左右。因此，我国在电炉钢渣筑路方面起步较晚，目前研究多以转炉钢渣为主，研究已进入应用示范阶段。不锈钢在电炉冶炼过程排放的钢渣中 Cr_2O_3 质量分数为 2.92% ~ 10.4%，这也使得不锈钢钢渣目前难于直接掺入水泥或混凝土中。保证不锈钢钢渣资源化产品的绿色安全是其大宗利用的先决条件。从排渣前对高温炼钢熔渣进行调质，使更多的重金属元素 Cr、Mn 等进入尖晶石等晶体结构中，从而能够磁选分离或稳定固结更多的重金属元素，以保证磁选后尾渣的绿色安全。这已成为目前研究的热点方向。

　　在固废分布集中方面，以我国唐山市为例。唐山市钢铁产量就超过了 1.4 亿吨，超过了世界上其他国家的钢铁产量，因此，仅唐山市排放的相应钢渣数量就超过了其他任何一个国家的钢渣排放数量，达到 2160 万吨；而美国和日本的钢渣数量仅 1320 万吨和 1490 万吨（产渣量按照粗钢产量质量分数的 15% 计算）。不仅如此，唐山市还有更大量的高炉渣、煤矸石、铁尾矿等固体废弃物排放，这些固体废弃物在固废建材市场也与钢渣形成竞争。同时，唐山市的道路工程数量仅 1.9 万千米，即使考虑河北省，也才 19.7 万千米，仍然低于日本（122.5 万千米）、美国（671.13 万千米）等一个数量级；唐山水泥产量仅 3454.3 万吨，日本、美国及韩国的水泥产量为唐山的 1.4 ~ 2.6 倍。因此，这从量上也限制了钢渣在道路和建筑工程上的应用。其他冶金渣利用方面也存在类似的难题。

（二）赤泥综合利用现状

　　我国赤泥以拜耳法赤泥为主，其组分以氧化硅、氧化铁、氧化铝、氧化钠和氧化钙为主，还含有 Cr、Cd、Mn、Pb 或 As 等重金属元素。其中，赤泥中氧化钠质量分数在 7% ~ 16%，pH 值为 9.7 ~ 12.8。赤泥的高碱性是其形成危害和难以资源化利用的主要原因。赤泥碱性物质分为可溶性碱和化学结合碱，可溶性碱包括 NaOH、Na_2CO_3、$NaAl(OH)_4$ 等，通过水洗仅能去除部分可溶性碱，仍有部分残留在赤泥难溶固相表面并随赤泥堆存。结合碱多存在于赤泥难溶固相中，如方钠石（$Na_8Al_6Si_6O_{24} \cdot (OH)_2(H_2O)_2$）、钙霞石（$Na_6Ca_2Al_6Si_6O_{24}(CO_3)_2 2H_2O$）等，这类含水矿物并不稳定，存在一定的溶解平衡，从而导致赤泥仍然具有碱性但难以通过水洗直接去除。

　　在硅酸盐水泥中，一方面游离的 Na^+ 会在毛细力作用下向外迁移，另一方面硅酸盐水泥中大量的 Ca^{2+} 进一步取代硅酸盐中的 Na^+，加剧了 Na^+ 的溶出和返碱，这导致赤泥建材产品广泛存在返碱防霜问题，因而产品中不能大量掺入赤泥。此外，水泥混凝土及制品中大量的 Na^+ 还会进一步与骨料中的 SiO_2 发生碱骨料反应，生成水化凝胶而使得体积膨胀，材料结构被破坏，导致建筑产品开裂、耐久性能恶化。因此，赤泥在普通水泥混凝土类建筑材料中难以大量利用。道路工程中能够大量使用赤泥作为原料，但是赤泥仅是作为附加值较低的路基材料，运输半径小，而当地道路工程项目的数量有限，因此，该方法市场规模小，难以持续消纳固废。同时，冶金固体废物在道路工程中的应用还涉及冶金-环保-材料-交通等多个行业，对此没有较为统一的认识，也缺乏相关应用标准的制定，这一定程度制约了该技术的应用。如果将赤泥与高硅铝的粉煤灰、煅烧煤矸石等进行混合，可以制备出碱激发胶凝材料，能够实现钠离子较稳定的固结。但是，赤泥中的钠离子仅是作为激发剂，赤泥的掺量低；更为关键的是，碱激发胶凝材料的研发整体上还处于实验室到中试阶段，仍然未能大规模应用。

目前，对高铁赤泥进行磁选并获得铁精粉的技术已成熟，该技术能够实现赤泥的减量化，但是对磁选尾泥难以利用。我国目前选铁处理赤泥产能约 1900 万吨，主要分布在广西、山东、云南和山西等地。磁选的铁精粉（减排量）质量分数在 10% ~20%，铁品位在 47% ~60%。利润主要受到铁精粉价格的影响而波动，选铁成本 60 ~150 元/吨，铁精粉售价 50 ~350 元/吨。此外从赤泥中首先提碱或提取有价元素等是赤泥规模化利用的一条重要途径，但是赤泥湿法提取过程还会混入更多杂质甚至环境有害组分，这将使得尾泥更难以利用。

（三）铜渣综合利用现状

现阶段，铜渣主要消耗方向是回收有价金属，代替砂石、制备水泥和其他建筑材料等，其他大宗利用方向还不多见。铜渣中铜利用率低于 12%，铁利用率低于 1%。铜渣化学组成中含有质量分数 35% ~45% 的全 Fe 和约 40% 的 SiO_2，1.2% ~4.6% 的金属 Cu，还存在 Pb、Zn、Ni 等重金属元素。铜渣的化学组成决定了其矿物组成以铁橄榄石为主，缺少胶凝活性，这一特点制约了其在水泥混合材或混凝土掺合料中的利用。铜渣本身硬度较大，适合作为砂石骨料；但是为了提取其中质量分数 0.8% ~5% 的铜元素，通常将其先粉磨至 0.063 mm（250 目）后进行浮选，这使得最终形成的浮选尾渣因太细而难以作为砂石骨料，也不能大规模用于道路工程。将铜渣中化学组成超过一半的 Fe_2O_3 组分通过磁选或高温过程还原回收是另外一条大宗利用的途径。然而铜渣中氧化铁主要是以和氧化硅结合成橄榄石的形式存在，铜渣磁选难以分离；对铜渣进行熔融还原需要大量的氧化钙等溶剂成分，渣铁比高，这使得提铁成本大大提高。更为重要的是铜渣中存在铜、硫等炼钢有害元素，这限制了其作为原料在钢铁行业中的大量应用。

（四）铁合金渣综合利用现状

铁合金渣种类多，资源化利用的特点并不相同。不同铁合金渣的组成有一定差异，其中镍铁渣包括矿热炉冶炼的电炉镍铁渣和高炉冶炼的高炉镍铁渣。高炉镍铁渣的排渣工艺和成分接近普通高炉渣，但具有相对较高的氧化铝和氧化镁。相对电炉镍铁渣，水淬的高炉镍铁渣含有玻璃相，胶凝活性较高，因而获得较好的利用，已广泛用于水泥、混凝土行业。硅锰渣水淬后也能够形成较多的玻璃相，具有一定的胶凝活性，也能用作水泥混合材或者混凝土掺合料，但较高的氧化锰含量制约了其广泛应用。将电炉镍铁渣、铬铁渣应用于砂石骨料领域是另外一条大宗利用的方法，电炉镍铁渣和铬铁渣的主要矿相分别为镁橄榄石，以及镁橄榄石和尖晶石，具有较高的硬度。虽然这两种铁合金渣含有质量分数超过20%的氧化镁，以及2%～10%的氧化铬，对其安定性和浸出的实验都表明安定性和重金属浸出率均合格。目前相关研究已进入到道路工程应用示范阶段。此外，我国硅锰渣、铬铁渣集中分布在电力丰富的内蒙古、宁夏和山西等中西部地区，这些地区对水泥、混凝土和道路的需求量少，缺乏消纳冶金渣的当地大宗市场，因此，市场因素也制约了铁合金渣的大宗量利用。

（五）常用有色金属冶炼工业副产石膏利用现状和前景

有色金属冶炼产生的石膏由于其成分较比磷石膏、脱硫石膏复杂，因此一直得不到广泛应用，但近年来随着冶炼生产工艺技术及装备的迭代升级，有色金属冶炼重金属回收率有了显著提高，极大地降低了石膏内各类重金属含量。以云南省某铅锌冶炼企业为例，该企业通过不断改进优化冶炼生产工艺，不仅极大地提高了有价金属回收率取得了良好经济效益，同时使产生的工业副产石膏杂质含量降到最低，经国家相关网站查阅，该企业目前产出的工业副产石膏已能稳定达到第Ⅰ类一般工业固体废物环保技术指标要求，为企业进一步拓展和丰富工业副产石膏资源化利用途径奠定了良好的基础。

为实现"变废为宝"该企业一次性投入 2000 余万元，首次利用"一段式卧式转窑蒸汽煅烧工艺"，处理湿法冶炼工业副产石膏生产 β 石膏粉，生产规模已经达到 10 万吨/年，经调查其生产的 β 石膏粉已经能稳定满足《建筑石膏》（GB/T 9776—2008）相关产品质量标准，有效填补了国内有色金属冶炼领域工业副产石膏资源化利用的空白。目前产出的 β 石膏粉主要应用于轻质抹灰砂浆、自流平砂浆、石膏砌块等建材领域，具有很好的利用前景。

另外，根据国家工业和信息化部、生态环境部等联合下发的《关于"十四五"大宗固体废弃物综合利用的指导意见》《加快推动工业资源综合利用实施方案》等文件要求，工业副产石膏也可以探索应用于矿山采空区回填、井下填充、道路筑基、尾矿库闭库生态修复、土壤荒漠化改良等领域，具体优势如下。

利用改性工业副产石膏应用于尾矿库闭库填充、矿山采空区生态景观修复、井下填充不仅可在确保安全的前提下处置历史遗留的石膏，减少生态环境修复过程中带来的自然景观破坏，还避免建设固废处置场带来占用耕地、林地等一系列生态环境问题。

工业副产石膏主要成分为硫酸钙，可为农作物提供所需 16 种营养元素中的钙和硫，硫是蛋白质的重要成分，植物从种子萌芽起就需要钙，而我国丘陵山地往往缺硫缺钙，施加石膏可助农作物明显增产。利用工业副产石膏改良土壤可有效改善土壤结构，石膏可以通过离子替换和化学反应等方式改变土壤颗粒表面电性质，形成更为稳定的土壤团聚体，从而改善土壤结构。石膏在与土壤中的离子反应后，会形成一定量的硬质物，这些硬质物会填充土壤之间的裂隙和空隙，从而增加土壤固体含量，提高土壤的密实度和稳定性。提高土壤肥力，石膏中的钙离子可以中和土壤中过多的酸性离子，维持土壤的中性或碱性环境，有利于土壤微生物的繁殖和植物的生长。经查阅相关文献，石膏用于改良碱性土壤时，一般每亩地均匀撒施 250～300 kg，再配合适量的腐熟农家肥、磷肥等可让地块在 2～3 年内土壤性状良好，加上石膏具有吸水性，也有利于土壤保持水分，对石膏资源化利用推广具有非常重要的意义。

另外，利用工业副产石膏填充道路也是一条非常可行的资源化利用道路，工业副产石膏具有一定物理抗压能力，可以利用工业副产石膏和水泥、工业固化剂混合制成道路水稳层。和传统的由石料、水泥混合而成的路基材料相比，石膏路基材料的密实度和强度更高，能够提高路面的抗压强度和抗减强度，保证道路基层的稳定性。此外，使用石膏路基材料更加节约成本。在荆门市东宝工业园区，有一条长 900 m 的路段，该路段使用了掺量 15% 的磷石膏路基材料，这是将磷石膏路基材料应用于市政道路的一次尝试。该路段通过质量、安全、环保评定，符合相关道路建设标准，目前使用状况良好。另外荆门市荆东大道一条 800 m 长的路段，都进行了掺量 85% 以上磷石膏路基材料试验。比例提高后，1 km 路段可消纳石膏 8000 t 左右。

经调研，目前，冶炼工业副产石膏大部分用作水泥缓凝剂，采用工业副产石膏全部或部分替代天然石膏生产硅酸盐水泥、普通硅酸盐水泥能有效调节水泥凝结时间，另外，经过适当热处理（低温烘干）后的工业副产石膏按一定比例掺入矿渣水泥和复合水泥后还能激发混合材的活性，进一步提高水泥浆体结构强度。经查阅水泥行业相关专家的相关文献资料表明，与天然二水石膏相比，在水泥生产中使用工业副产石膏的主要优点在于：其硫酸钙纯度较高，相同条件下用量更少，不仅大大降低了水泥行业的生产成本，而且减少了对天然石膏的开采避免了生态破坏，同时有效推动了水泥行业碳减排计划。

第五节　"无废城市"建设推动固体废物资源化利用产业发展

近年来，随着我国工业化水平持续推进，以及人们的生活质量水平不断提高，各类废弃物的数量也在逐年增加，我国目前各类固体废弃物累计堆积存量 800 多亿吨，年产生量近 120 亿吨，且呈现出逐渐增长的态势。因此，固体废物危废的减量化和资源化利用是未来发展的主要方向，国家对此也出台了一系列的政策和措施，开展"无废城市"建设，是深入贯彻落实生态文明的具体行动，是推动减污降碳协同增效的重要举措，是实现美丽中国建设目标的内在要求。

一、什么是"无废城市"

"无废城市"并不是指没有废物的城市，也并非杜绝废物的产生，而是从城市管理的角度，有效利用固体废物、降低固体废物产生、解决历史堆存固体废物，保证良性循环。这是一种先进的城市管理理念，旨在通过良性循环，推动经济社会高质量发展，让群众获得更高品质的生活享受。

"无废城市"中的"废"主要指固体废物。根据《中华人民共和国固体废物污染环境防治法》，固体废物是指在生产生活和其他活动中产生的丧失原有利用价值或者虽未丧失利用价值但被抛弃或者放弃的固态、半固态和置于容器中的气态的物品、物质以及法律、行政法规规定纳入固体废物管理的物品、物质。固体废物按照来源,一般分为生活垃圾、建筑垃圾、工业固体废物、医疗废物和农业废弃物等,按危害程度又可分为危险废物和一般工业固体废物。

"无废城市"是以创新、协调、绿色、开放、共享的新发展理念为引领,通过推动形成绿色发展方式和生活方式,持续推进固体废物源头减量和资源化利用,最大限度减少填埋量,将固体废物环境影响降至最低的城市发展模式。

"无废城市"建设是一个系统工程,需要政府、企业、公众、科研机构、社会组织等多元主体良好协作,在政策、技术、经济等多种要素之间取得平衡并形成闭环结构,孕育"无废文化",推动固体废物治理迈向高效、科学和可持续的新进程。

"无废城市"建设是未来城市可持续发展的重要途径,更是一项全民共建共享的工作。从垃圾分类、低碳出行、资源共享、绿色消费、光盘行动等行为习惯出发,崇尚简约生活,避免过度消费,是普通民众力所能及的行动选择。

二、"无废城市"建设的重要意义

(一)"无废城市"建设是深入贯彻落实生态文明的重要举措

加强固体废物治理是生态文明建设的重要内容,是实现美丽中国目标的应有之义。我国高度重视固体废物污染防治工作,党的十八大以来,把生态文明建设和生态环境保护摆在治国理政的突出位置,对固体废物污染防治工作重视程度前所未有。

为探索建立固体废物产生强度低、循环利用水平高、填埋处置量少、环境风险小的长效体制机制,推进固体废物领域治理体系和治理能力现代化,2018年初,中央全面深化改革委员会将"无废城市"建设试点工作列入年度工作要点;12月,国务院办公厅印发《"无废城市"建设试点工作方案》,"无废城市"建设试点工作正式启动。

《中共中央 国务院关于深入打好污染防治攻坚战的意见》(以下简称《意见》)进一步提出要稳步推进"无废城市"建设,就是贯彻落实党中央、国务院关于加强固体废物污染防治决策部署的具体行动。进入新阶段,"无废城市"建设承载着更重要的使命,将在减污减碳协同增效、助力城市绿色低碳发展上发挥更好更大的作用。

（二）"无废城市"建设是深入打好污染防治攻坚战和实现碳达峰碳中和的内在要求

"十四五"时期，我国生态文明建设进入以降碳为重点战略方向、推动减污降碳协同增效、促进经济社会发展全面绿色转型、实现生态环境质量由量变到质变的关键时期。

固体废物与废气、废水在污染环境及其治理之间存在着"三重耦合"关系。首先，未经处理的固体废物因雨淋、蒸发、风蚀、自燃、化学变化等作用而污染大气、水体、土壤和生物。其次，在废气、废水的处理过程中，一部分有害物质被转化成无害或稳定状态，大部分污染物则被转移到固相并以固体废物的形式进入环境，例如脱硫后的石膏、污水处理后的污泥等。最后，在固体废物处理处置过程中，同样存在污染大气、水体、土壤的风险；处理的最终形态还是固体废物，例如固体废物利用、填埋和焚烧过程及最终产物。因此，固体废物污染防治是环境管理的重要内容和需要管好的最终环节。

从这个意义上讲，一方面，固体废物污染防治本身是深入打好污染防治攻坚战的重要组成部分。《意见》提出，到2025年，固体废物和新污染物治理能力明显增强，并对固体废物污染治理的诸多方面提出了具体要求。另一方面，全面加强固体废物污染治理也是污染防治攻坚战由"坚决打好"向"深入打好"转变的重要体现，促进攻坚战拓宽治理的广度、延伸治理的深度，既协同推进水、气、土污染治理，又有助于解决这些领域治理后最终污染物的利用和无害化处置。

同时，固体废物污染防治"一头连着减污，一头连着降碳"。国内外的实践表明，加强固体废物管理对降碳也有明显作用。巴塞尔公约亚太区域中心对全球45个国家和区域的固体废物管理碳减排潜力相关数据分析显示，通过提升城市、工业、农业和建筑4类固体废物的全过程管理水平，可以实现相应国家碳排放减量的13.7%～45.2%（平均27.6%）。中国循环经济协会测算，"十三五"期间发展循环经济对我国碳减排的贡献率约为25%。

试点实践表明，"无废城市"建设为系统解决城乡固体废物管理提供了路径，成为城市层面综合治理、系统治理、源头治理固体废物的有力抓手，对减污降碳发挥了很好效果，对深入打好污染防治攻坚战和实现碳达峰碳中和有重要作用。

（三）"无废城市"建设是推动城市绿色低碳发展的有效载体

与其他环境污染问题一样，固体废物问题的本质也是发展方式、生活方式问题。同时，固体废物既是污染物，也是"资源"。我国固体废物增量和存量长期处于高位是由于"大量消耗、大量消费、大量废弃"的粗放型生产生活方式造成的，源头减量化、过程资源化、末端无害化是固体废物污染防治的根本途径，这也是《中华人民共和国固体废物污染环境防治法》确立的基本原则。

"无废城市"建设是以新发展理念为引领，从生产生活领域入手，推动形成节约资源和保护环境的空间格局、产业结构、生产方式、生活方式，让固体废物尽可能多地源头减量和资源化利用、最大限度减少末端处置及环境影响的城市发展模式。开展"无废城市"建设，有助于加快推进城市绿色低碳转型，以高水平保护推动城市高质量发展、创造高品质生活。

2021年，全国人大常委会对新修订的《中华人民共和国固体废物污染环境防治法》贯彻实施情况开展执法检查，总体来看，尽管我国固体废物污染防治工作取得长足进步，但法律实施不到位的问题还较突出，在推动高质量发展过程中，固体废物污染环境防治还面临着许多深层次的问题和挑战，形势依然严峻，距离人民群众对优美生态环境的需求和期盼还有较大差距。

总之，我国固体废物环境污染形势严峻、治理任务艰巨、治理要求高，"无废城市"建设既是系统解决固体废物问题的综合途径，也是推动城市绿色低碳发展的有效载体。

三、我国"无废城市"建设主要历程

2017年，中国工程院杜祥琬院士牵头提出《关于通过"无废城市"试点推动固体废物资源化利用，建设"无废社会"的建议》和《关于建设"无废雄安新区"的几点战略建议》。

2019年1月国务院办公厅印发《"无废城市"建设试点工作方案》，提出"在全国范围内选择10个左右有条件、有基础、规模适当的城市，在全市域范围内开展'无废城市'建设试点。到2020年，系统构建'无废城市'建设指标体系，探索建立'无废城市'建设综合管理制度和技术体系，形成一批可复制、可推广的'无废城市'建设示范模式"。

2019 年 4 月，生态环境部筛选确定"11 + 5""无废城市"建设试点，分别为广东省深圳市、内蒙古自治区包头市、安徽省铜陵市、山东省威海市、重庆市（主城区）、浙江省绍兴市、海南省三亚市、河南省许昌市、江苏省徐州市、辽宁省盘锦市、青海省西宁市以及河北雄安新区（新区代表）、北京经济技术开发区（开发区代表）、中新天津生态城（国际合作代表）、福建省光泽县（县级代表）、江西省瑞金市（县级市代表）。

2019 年 5 月 8 日，生态环境部印发《"无废城市"建设试点实施方案编制指南》和《"无废城市"建设指标体系（试行）》，试点城市与地区按要求编制"无废城市"建设试点实施方案。试点两年间，深圳等 11 个城市和雄安新区等 5 个特殊地区积极开展改革试点，取得明显成效。

2021 年 11 月，《中共中央　国务院关于深入打好污染防治攻坚战的意见》印发实施，明确提出要稳步推进"无废城市"建设，提出，"十四五"时期，推进 100 个左右地级及以上城市开展"无废城市"建设，鼓励有条件的省份全域推进"无废城市"建设。

2021 年 12 月 15 日，生态环境部等 18 个部门印发的《"十四五"时期"无废城市"建设工作方案》提出："推动 100 个左右地级及以上城市开展'无废城市'建设，到 2025 年，'无废城市'固体废物产生强度较快下降，综合利用水平显著提升，无害化处置能力有效保障，减污降碳协同增效作用充分发挥"。

四、我国"无废城市"建设试点经验

2019 年以来，生态环境部会同国家发展改革委等 18 个部门和单位，指导深圳等 11 个城市和雄安新区等 5 个特殊地区扎实推进试点工作。截至 2020 年年底，试点共完成改革任务 850 项、工程项目 422 项，形成一批可推广示范模式。

（一）在工业绿色生产方面

通过优化产业结构、提升工业绿色制造水平，积极推动工业固体废物减量化与资源化。包头市统筹推进钢铁、电力等产业结构调整，不断提高资源能源利用效率，工业固废产生强度一年降低了 4%。铜陵市、盘锦市、瑞金市等地通过"无废矿山""无废油田"建设、废弃矿山生态修复从源头减少了工业固体废物产生量，将废弃矿山变成"绿水青山"，通过发展旅游观光，又将其转化为"金山银山"。

（二）在农业绿色生产方面

通过与美丽乡村建设、农业现代化建设相融合，推动主要农业废弃物有效利用。徐州市开展秸秆高效还田及收储用一体多元化利用，许昌市"畜禽粪污—有机肥—农田"生态循环农业、西宁市的"生态牧场"等模式，实现了秸秆、畜禽粪污高效利用。威海市推广多营养层生态养殖模式，建成14个国家级海洋牧场，推动海苔、牡蛎壳等废物高值化利用。光泽县通过"无废农业""无废农村""无废圣农"建设，发展绿色生态产业、推进资源再生利用、实施清洁能源替代，助力全域实现碳中和目标。

（三）在践行绿色生活方式方面

通过宣传引导，探索城乡生活垃圾源头减量和资源化利用。中新天津生态城打造垃圾分类精品示范小区，探索垃圾计量收费机制，奖惩并用，倒逼源头减量。重庆市等试点城市积极创建"无废"学校、小区、景区、机关等"无废细胞"，建立评价标准，营造共建共享氛围，推动公众形成绿色生活方式。雄安新区编制"无废城市"系列教材，作为选修课全面纳入新区教育体系。

（四）在加强环境监管方面

通过信息化平台建设和制度创新，强化风险防控能力。绍兴市打造"无废城市"信息化平台，统筹整合各类固体废物管理系统，对固体废物实行全周期管理。北京经济开发区开展危险废物的分级豁免管理尝试，探索实施"点对点"资源化利用机制。三亚市通过制度引领、源头减量、海陆统筹、公众参与以及国际合作等多种举措，逐步形成"白色污染"综合治理模式。

随着试点工作深入，"无废"理念逐步得到较广泛推广，"无废城市"建设呈现出由点到面发展的良好态势。浙江省率先印发《浙江省全域"无废城市"建设工作方案》，在全省推开"无废城市"建设；广东省发布《广东省推进"无废城市"建设试点工作方案》，探索建设珠三角"无废试验区"；重庆市与四川省共同推进成渝地区双城经济圈"无废城市"建设。

五、"无废城市"建设国际经验

(一) 亚洲：马来西亚——迈向"无废城市"的槟城经验

马来西亚西北部的槟城的垃圾源头分类政策于 2017 年 6 月 1 日生效，目标是减少环境污染，保持生态平衡；降低废物管理成本；减少垃圾填埋产生量的增加速度；延长 Pulau Burung 垃圾填埋场的使用寿命。其主要的成功经验包括：完善的制度支持，中央政府制定了一系列与废物管理有关的国家计划和政策，从原则、路线图、目标、责任分配、执行等各方面，构建了较为完整的垃圾管理体系；严厉的惩罚措施，从分类政策生效起，不执行垃圾分类的将被定罪，那些持续无视法律的人将被带上法庭。多方的参与，归功于强力的处罚措施，槟城的垃圾分类从社区到学校各方都积极参与，如此，也提升了政府对厨余垃圾分类及处理的重视程度。

(二) 美洲：美国——国家层面推出的典型措施

美国环境保护局（EPA）在其网站列出了 100 项"无废"措施，涉及相关目标和规划的制定、地方政府政策的执行、街边废物收集、食物垃圾处理、处理设施建设、回收体系建设、建筑废物处理、处置方式的限制要求、强制性措施、宣传教育等诸多方面。EPA 还系统完整地介绍了 10 个城市的"无废"实践案例，开发了一款名为"管理和改造废物流"的政策选择评估工具。

(三) 欧洲：意大利——欧洲代表性城市"零废弃"战略经验

意大利卡潘诺里市的托斯卡纳小镇 2007 年签署了欧盟零废弃战略协议。作为欧洲城市固体废物回收率最高的小镇之一，其"零废弃"战略的实施依靠强有力的政策推行和广泛的社区参与。其成功的经验主要包括：采用挨家挨户地垃圾回收策略；确立污染者付费原则，形成计量收费制度；建立废物再利用中心，提高废品的循环使用；缩短当地一些产品的供应链，减少零售过程中的垃圾产量；建立欧洲首个无废弃研究中心，持续推进"零废弃"研究。

最终，在卡潘诺里签署欧盟零废弃战略协议 10 年间，当地废物产生量减少了 40%，82% 的废物实现了分类收集。

六、我国"十四五"时期"无废城市"建设目标任务

（一）"无废城市"建设的工作思路和目标

立足新发展阶段、贯彻新发展理念、构建新发展格局、推动高质量发展，统筹城市发展与固体废物管理，坚持"三化"原则、聚焦减污降碳、协同增效，推动 100 个左右地级及以上城市开展"无废城市"建设。到 2025 年，"无废城市"固体废物产生强度较快下降，综合利用水平显著提升，无害化处置能力有效保障，减污降碳、协同增效作用充分发挥，基本实现固体废物管理信息"一张网"，"无废"理念得到广泛认同，固体废物治理体系和治理能力得到明显提升。

（二）"无废城市"建设的主要任务

（1）科学编制实施方案，强化顶层设计引领。"无废城市"建设要与深入打好污染防治攻坚战相关要求、碳达峰碳中和等国家重大战略以及城市建设管理有机融合，一体谋划、协同推进。

（2）加快工业绿色低碳发展，降低工业固体废物处置压力。重点是结合工业领域减污降碳要求，加快探索重点行业工业固体废物减量化和"无废矿区""无废园区""无废工厂"建设的路径模式。

（3）促进农业农村绿色低碳发展，提升主要农业固体废物综合利用水平。重点是发展生态种植、生态养殖，建立农业循环经济发展模式，促进畜禽粪污、秸秆、农膜、农药包装物回收利用。

（4）推动形成绿色低碳生活方式，促进生活垃圾减量化、资源化。重点是大力倡导"无废"理念，推动形成简约适度、绿色低碳、文明健康的生活方式和消费模式；建立完善分类投放、分类收集、分类运输、分类处理系统。

（5）加强全过程管理，推进建筑垃圾综合利用。重点是大力发展节能低碳建筑，全面推广绿色低碳建材，推动建筑材料循环利用。

（6）强化监管和利用处置能力，切实防控危险废物环境风险。重点是实施危险废物规范化管理、探索风险可控的利用方式、提升集中处置基础保障能力。

（7）加强制度、技术、市场和监管体系建设，全面提升保障能力。

"无废城市"建设是一项系统工程，需要凝聚各方共识，强化要素集聚，形

成工作合力。"无废城市"建设是需要当地党委、政府统筹组织开展的一项综合性工作，需要加强统一领导，建立工作机制。要建设好"无废城市"，组织领导、制度建设、技术支撑、市场培育、资金保障、监管强化、大数据助力、宣传发动八大措施缺一不可，必须集成发力；建立政府主导、部门齐抓共管、企业主体、市民践行的运行机制。国家和省级相关部门负责做好"无废城市"建设各项工作的组织和指导。

"无废城市"建设是党中央、国务院作出的重大决策部署，是一项重要的政治任务。相关部门和城市要切实提高政治站位，充分认识"无废城市"建设的重要意义，抢抓机遇、真抓实干，为推动固体废物治理体系和治理能力现代化，为深入打好污染防治攻坚战、推动实现碳达峰、碳中和、建设美丽中国作出贡献。

附　　录

附录1　工业和信息化部关于工业副产石膏综合利用的指导意见

为贯彻十七届五中全会精神，落实节约资源和保护环境基本国策，加快发展循环经济，提高工业副产石膏综合利用水平，促进工业副产石膏综合利用产业发展，提出如下指导意见。

一、充分认识工业副产石膏综合利用的重要意义

工业副产石膏是指工业生产中因化学反应生成的以硫酸钙为主要成分的副产品或废渣，也称化学石膏或工业废石膏。主要包括脱硫石膏、磷石膏、柠檬酸石膏、氟石膏、盐石膏、味精石膏、铜石膏、钛石膏等，其中脱硫石膏和磷石膏的产生量约占全部工业副产石膏总量的85%。

2009年，我国工业副产石膏产生量约1.18亿吨，综合利用率仅为38%。其中，脱硫石膏约4300万吨，综合利用率约56%；磷石膏约5000万吨，综合利用率约20%；其他副产石膏约2500万吨，综合利用率约40%。目前工业副产石膏累积堆存量已超过3亿吨，其中，脱硫石膏5000万吨以上，磷石膏2亿吨以上。工业副产石膏大量堆存，既占用土地，又浪费资源，含有的酸性及其他有害物质容易对周边环境造成污染，已经成为制约我国燃煤机组烟气脱硫和磷肥企业可持续发展的重要因素。

工业副产石膏经过适当处理，完全可以替代天然石膏。当前，工业副产石膏综合利用主要有两个途径：一是用作水泥缓（调）凝剂，约占工业副产石膏综合利用量的70%；二是生产石膏建材制品，包括纸面石膏板、石膏砌块、石膏空心条板、干混砂浆、石膏砖等。

近年来，尽管我国工业副产石膏的利用途径不断拓宽、规模不断扩大、技术水平不断提高，但随着工业副产石膏产生量的逐年增大，综合利用仍存在一些问题。

一是区域之间不平衡。受地域资源禀赋和经济发展水平影响，不同地区工业副产石膏产生、堆存及综合利用情况差异较大。北京、河北、珠三角及长三角等地区脱硫石膏产生量小、综合利用率高；而山西、内蒙古等燃煤电厂集中的地区脱硫石膏产生量大、综合利用率较低。我国磷矿资源主要集中在云南、贵州、四川、湖北、安徽等地区，决定了我国磷肥工业布局及磷石膏的产生、堆存主要集中在这些地区。受运输半径影响，磷石膏综合利用长期处于较低水平。使用量大的地区供不应求，而产生量集中的地区却大量堆存。

二是工业副产石膏品质不稳定。尽管理论上工业副产石膏品质要高于天然石膏，但由于我国部分燃煤电厂除尘脱硫装置运行效率不高，加之电煤的来源不固定，导致脱硫石膏品质不稳定；由于磷矿资源不同，导致磷石膏含有不同的杂质，品质差异较大。因此，石膏制品企业更愿意使用品质稳定的天然石膏。同时，由于当前我国天然石膏开采成本（包括资源成本和开采成本）较低，也不利于工业副产石膏替代天然石膏。

三是标准体系不完善。一方面缺乏用于生产不同建材的工业副产石膏标准，不利于工业副产石膏在不同建材领域的应用。另一方面缺乏工业副产石膏综合利用产品相关标准，只能参照其他同类标准，市场认可度低，造成工业副产石膏难以被大规模利用。

四是缺乏共性关键技术。由于缺乏先进的在线质量控制技术、低成本预处理技术及大规模、高附加值利用关键共性技术，制约了工业副产石膏综合利用产业发展。现有的一些成熟的先进适用技术，如副产石膏生产纸面石膏板、石膏砖、石膏砌块、水泥缓凝剂技术等，在部分地区也没有得到很好的推广应用。

开展工业副产石膏综合利用，是落实科学发展观，转变工业经济发展方式，构建资源节约型和环境友好型工业体系的重要措施，也是解决工业副产石膏堆存造成的环境污染和安全隐患的治本之策，各级工业和信息化主管部门和相关企业必须充分认识工业副产石膏综合利用的重要意义，大力推进工业副产石膏综合利用工作。

二、指导思想和目标

（一）指导思想

深入贯彻落实科学发展观，坚持节约资源和保护环境基本国策，以工业副产石膏大规模利用和高附加值利用为方向，以工业副产石膏资源综合利用产业链上下游相关企业为实施主体，健全政策机制，提升技术水平，完善标准体系，提高资源综合利用水平和效率，促进工业副产石膏综合利用产业化发展。

（二）发展目标

到 2015 年底，磷石膏综合利用率由 2009 年的 20% 提高到 40%；脱硫石膏综合利用率由 2009 年的 56% 提高到 80%；攻克一批具有自主知识产权的重大关键共性技术；建成一批大规模、高附加值利用的产业化示范项目；形成较为完整的工业副产石膏综合利用产品标准体系；引导工业副产石膏综合利用企业向多途径、大规模、高附加值综合利用方向发展。

三、工业副产石膏综合利用重点任务

（一）加快先进适用技术推广应用

鼓励大掺量利用工业副产石膏技术产业化，包括纸面石膏板、石膏基干混砂浆、石膏砌块、石膏砖等。大力推进工业副产石膏用作水泥缓凝剂，鼓励工业副产石膏产生企业对石膏进行预加工。支持改造现有水泥生产喂料系统，推进水泥生产直接利用原状散料工业副产石膏。加快工业副产石膏生产胶凝材料产业化，包括粉刷石膏、腻子石膏、模具石膏和高强石膏粉等。加快磷石膏制硫酸铵技术推广应用。

（二）大力推进先进产能建设

重点鼓励符合以下条件的工业副产石膏综合利用项目建设，包括：全部使用工业副产石膏作为原料，单线能力在 3000 万平方米及以上的纸面石膏板生产线项目，单线能力在 30 万平方米及以上的石膏砌块生产线建设或者改造项目，单

线能力在 10 万吨及以上的粉刷石膏、粘接石膏等石膏干混建材生产线建设或者改造项目，单线生产能力在 5 万吨及以上的高强石膏粉生产线建设项目，单线生产能力在 100 万吨及以上的建筑石膏粉生产线建设项目；采用经济适用的化学法处理磷石膏，生产其他产品（如硫酸联产水泥、硫酸铵、硫酸钾副产氯化铵等）的建设项目；采用磷石膏作为主要填充材料的井下采空区充填项目。

（三）加快推进集约经营模式

根据工业副产石膏分布和堆存情况，结合工业副产石膏综合利用示范企业和基地建设试点工作，通过政策引导，培育一批工业副产石膏综合利用骨干企业。鼓励专业性的工业副产石膏综合利用企业通过兼并重组等措施，形成工业副产石膏综合利用集约化生产模式。促进建材生产企业与工业副产石膏产生企业合作，重点扶持消纳工业副产石膏能力强、潜力大、见效快的项目，形成若干个在国际上具有市场竞争力的产品品牌和企业品牌。

（四）加强关键共性技术研发

研发脱硫石膏质量在线监测技术和低成本在线调整技术，改进、优化操作工艺，提高脱硫石膏品质的稳定性；加快利用余热余压对工业副产石膏进行烘干、煅烧的先进工艺及大型成套装备的科技攻关；开发超高强 α 石膏粉、石膏晶须、预铸式玻璃纤维增强石膏成型品、高档模具石膏粉等高附加值产品生产技术及装备；开发低能耗磷石膏制硫酸联产水泥、制硫酸钾副产氯化铵等技术；开发低成本、高性能、环保型磷石膏净化技术；加快研发磷石膏转化法生产硫酸钾技术工艺；研发利用低品质磷石膏生产低成本高性能的矿井充填专用胶凝材料；开发利用工业副产石膏改良土壤的关键技术。

四、保障措施

（一）加强组织领导

各级工业和信息化主管部门要切实加强工业副产石膏综合利用工作的组织领导，严格执行国家有关政策措施，加强部门间的协调、配合，落实好国家对工业副产石膏综合利用的鼓励和扶持政策。工业副产石膏集中地区的各级工业和信息化主管部门应在本行政区域经济发展规划的基础上，编制工业副产石膏综合利用专项规划，或在有关规划中对工业副产石膏综合利用提出明确要求，并认真抓好落实，促进工业副产石膏综合利用。

（二）健全标准体系

进一步完善工业副产石膏综合利用标准体系，加快工业副产石膏综合利用产品标准和应用标准制修订工作。充分发挥行业协会、科研院所和专业标准化机构的作用，适时制（修）订生产建材的脱硫石膏、磷石膏标准；加快工业副产石膏综合利用相关产品标准、检测标准、应用标准制（修）订，推进建立工业副产石膏综合利用产品检测中心；会同建设主管部门研究制定工业副产石膏综合利用建材产品施工标准或规范；强化标准实施，引导建筑行业提高使用工业副产石膏综合利用产品比重。

（三）加强技术改造

把工业副产石膏综合利用列为企业技术改造项目重点支持范围，加大中央和地方财政资金对工业副产石膏综合利用技术改造支持力度，提升工业副产石膏综合利用技术水平。从源头控制脱硫石膏的产生与排放，加强脱硫装置运行的可靠性管理，强化脱硫系统优化调整，确保脱硫石膏品质的稳定性，为下游综合利用提供保障。

（四）完善配套政策

工业副产石膏产生量集中地区应依法限制天然石膏的开采，提高天然石膏的开采成本和工业副产石膏的堆存处置成本。促进工业副产石膏产生企业与利用企业上下游之间的衔接，保障工业副产石膏利用企业的质量要求。在石膏资源短缺的地区，本着利于综合利用的原则，控制好工业副产石膏价格。完善工业副产石膏用于水泥缓凝剂生产水泥的税收优惠政策，引导企业将工业副产石膏用于水泥缓凝剂。积极制定引导、扩大工业副产石膏应用市场的鼓励政策。有条件的地区应对工业副产石膏综合利用产品使用单位给予适当补贴，引导人们利用和消费工业副产石膏综合利用产品。

（五）建设示范基地

选择工业副产石膏集中的区域建设工业副产石膏综合利用示范基地，探索工业副产石膏综合利用管理模式和有效途径，支持一批工业副产石膏综合利用重点工程项目。推进工业副产石膏综合利用技术进步，提高工业副产石膏综合利用产品附加值，扩大工业副产石膏综合利用产品运输半径，解决工业副产石膏产生、堆存区域集中和综合利用不平衡问题。引导石膏建材企业与工业副产石膏产生企业密切合作，培育一批工业副产石膏综合利用规模化、集约化的龙头企业。充分发挥基地的示范和辐射效应，带动和促进工业副产石膏综合利用。

附录2　关于"十四五"大宗固体废弃物综合利用的指导意见

开展资源综合利用是我国深入实施可持续发展战略的重要内容。大宗固体废弃物（以下简称"大宗固废"）量大面广、环境影响突出、利用前景广阔，是资源综合利用的核心领域。推进大宗固废综合利用对提高资源利用效率、改善环境质量、促进经济社会发展全面绿色转型具有重要意义。为深入贯彻落实党的十九届五中全会精神，进一步提升大宗固废综合利用水平，全面提高资源利用效率，推动生态文明建设，促进高质量发展，制定本指导意见。

一、现状与形势

（一）"十三五"取得的成效

党的十八大以来，我国把资源综合利用纳入生态文明建设总体布局，不断完善法规政策、强化科技支撑、健全标准规范，推动资源综合利用产业发展壮大，各项工作取得积极进展。2019 年，大宗固废综合利用率达到55%，比 2015 年提高 5 个百分点；其中，煤矸石、粉煤灰、工业副产石膏、秸秆的综合利用率分别达到70%、78%、70%、86%。"十三五"期间，累计综合利用各类大宗固废约130 亿吨，减少占用土地超过100 万亩，提供了大量资源综合利用产品，促进了煤炭、化工、电力、钢铁、建材等行业高质量发展，资源环境和经济效益显著，对缓解我国部分原材料紧缺、改善生态环境质量发挥了重要作用。

（二）"十四五"面临的形势

"十四五"时期，我国将开启全面建设社会主义现代化国家新征程，围绕推动高质量发展主题，全面提高资源利用效率的任务更加迫切。受资源禀赋、能源结构、发展阶段等因素影响，未来我国大宗固废仍将面临产生强度高、利用不充分、综合利用产品附加值低的严峻挑战。目前，大宗固废累计堆存量约600亿吨，年新增堆存量近30亿吨，其中，赤泥、磷石膏、钢渣等固废利用率仍较低，占用大量土地资源，存在较大的生态环境安全隐患。要深入贯彻落实《中华人民共和国固体废物污染环境防治法》等法律法规，大力推进大宗固废源头减量、资源化利用和无害化处置，强化全链条治理，着力解决突出矛盾和问题，推动资源综合利用产业实现新发展。

二、总体要求

（三）指导思想

以习近平新时代中国特色社会主义思想为指导，深入贯彻党的十九大和十九届二中、三中、四中、五中全会精神，坚定不移贯彻新发展理念，以全面提高资源利用效率为目标，以推动资源综合利用产业绿色发展为核心，加强系统治理，创新利用模式，实施专项行动，促进大宗固废实现绿色、高效、高质、高值、规模化利用，提高大宗固废综合利用水平，助力生态文明建设，为经济社会高质量发展提供有力支撑。

（四）基本原则

——坚持政府引导与市场主导相结合。完善综合性政策措施，激发各类市场主体活力，充分发挥市场配置资源的决定性作用，更好发挥政府作用，加快发展壮大大宗固废综合利用产业。

——坚持规模利用与高值利用相结合。积极拓宽大宗固废综合利用渠道，进一步扩大利用规模，力争吃干榨尽，不断提高资源综合利用产品附加值，增强产业核心竞争力。

——坚持消纳存量与控制增量相结合。依法依规、科学有序消纳存量大宗固废；因地制宜、综合施策，有效降低大宗固废产排强度，加大综合利用力度，严控新增大宗固废堆存量。

——坚持突出重点与系统治理相结合。加强大宗固废综合利用全过程管理，协同推进产废、利废和规范处置各环节，严守大宗固废综合利用和安全处置的环境底线。

——坚持技术创新与模式创新相结合。强化创新引领，突破大宗固废综合利用技术瓶颈，加快先进适用技术推广应用，加强示范引领，培育大宗固废综合利用新模式。

（五）主要目标

到 2025 年，煤矸石、粉煤灰、尾矿（共伴生矿）、冶炼渣、工业副产石膏、建筑垃圾、农作物秸秆等大宗固废的综合利用能力显著提升，利用规模不断扩大，新增大宗固废综合利用率达到 60%，存量大宗固废有序减少。大宗固废综合利用水平不断提高，综合利用产业体系不断完善；关键瓶颈技术取得突破，大宗固废综合利用技术创新体系逐步建立；政策法规、标准和统计体系逐步健全，大宗固废综合利用制度基本完善；产业间融合共生、区域间协同发展模式不断创新；集约高效的产业基地和骨干企业示范引领作用显著增强，大宗固废综合利用产业高质量发展新格局基本形成。

三、提高大宗固废资源利用效率

（六）煤矸石和粉煤灰

持续提高煤矸石和粉煤灰综合利用水平，推进煤矸石和粉煤灰在工程建设、塌陷区治理、矿井充填以及盐碱地、沙漠化土地生态修复等领域的利用，有序引导利用煤矸石、粉煤灰生产新型墙体材料、装饰装修材料等绿色建材，在风险可控前提下深入推动农业领域应用和有价组分提取，加强大掺量和高附加值产品应用推广。

（七）尾矿（共伴生矿）

稳步推进金属尾矿有价组分高效提取及整体利用，推动采矿废石制备砂石骨料、陶粒、干混砂浆等砂源替代材料和胶凝回填利用，探索尾矿在生态环境治理领域的利用。加快推进黑色金属、有色金属、稀贵金属等共伴生矿产资源综合开发利用和有价组分梯级回收，推动有价金属提取后剩余废渣的规模化利用。依法依规推动已闭库尾矿库生态修复，未经批准不得擅自回采尾矿。

（八）冶炼渣

加强产业协同利用，扩大赤泥和钢渣利用规模，提高赤泥在道路材料中的掺用比例，扩大钢渣微粉作混凝土掺和料在建设工程等领域的利用。不断探索赤泥和钢渣的其他规模化利用渠道。鼓励从赤泥中回收铁、碱、氧化铝，从冶炼渣中回收稀有稀散金属和稀贵金属等有价组分，提高矿产资源利用效率，保障国家资源安全，逐步提高冶炼渣综合利用率。

（九）工业副产石膏

拓宽磷石膏利用途径，继续推广磷石膏在生产水泥和新型建筑材料等领域的利用，在确保环境安全的前提下，探索磷石膏在土壤改良、井下充填、路基材料等领域的应用。支持利用脱硫石膏、柠檬酸石膏制备绿色建材、石膏晶须等新产品新材料，扩大工业副产石膏高值化利用规模。积极探索钛石膏、氟石膏等复杂难用工业副产石膏的资源化利用途径。

（十）建筑垃圾

加强建筑垃圾分类处理和回收利用，规范建筑垃圾堆存、中转和资源化利用场所建设和运营，推动建筑垃圾综合利用产品应用。鼓励建筑垃圾再生骨料及制品在建筑工程和道路工程中的应用，以及将建筑垃圾用于土方平衡、林业用土、环境治理、烧结制品及回填等，不断提高利用质量、扩大资源化利用规模。

（十一）农作物秸秆

大力推进秸秆综合利用，推动秸秆综合利用产业提质增效。坚持农用优先，持续推进秸秆肥料化、饲料化和基料化利用，发挥好秸秆耕地保育和种养结合功能。扩大秸秆清洁能源利用规模，鼓励利用秸秆等生物质能供热供气供暖，优化农村用能结构，推进生物质天然气在工业领域应用。不断拓宽秸秆原料化利用途径，鼓励利用秸秆生产环保板材、碳基产品、聚乳酸、纸浆等，推动秸秆资源转化为高附加值的绿色产品。建立健全秸秆收储运体系，开展专业化、精细化的运管服务，打通秸秆产业发展的"最初一公里"。

四、推进大宗固废综合利用绿色发展

（十二）推进产废行业绿色转型，实现源头减量

开展产废行业绿色设计，在生产过程充分考虑后续综合利用环节，切实从源头削减大宗固废。大力发展绿色矿业，推广应用矸石不出井模式，鼓励采矿企业利用尾矿、共伴生矿填充采空区、治理塌陷区，推动实现尾矿就地消纳。开展能源、冶金、化工等重点行业绿色化改造，不断优化工艺流程、改进技术装备，降低大宗固废产生强度。推动煤矸石、尾矿、钢铁渣等大宗固废产生过程自消纳，推动提升磷石膏、赤泥等复杂难用大宗固废净化处理水平，为综合利用创造条件。在工程建设领域推行绿色施工，推广废弃路面材料和拆除垃圾原地再生利用，实施建筑垃圾分类管理、源头减量和资源化利用。

（十三）推动利废行业绿色生产，强化过程控制

持续提升利废企业技术装备水平，加大小散乱污企业整治力度。强化大宗固废综合利用全流程管理，严格落实全过程环境污染防治责任。推行大宗固废绿色运输，鼓励使用专用运输设备和车辆，加强大宗固废运输过程管理。鼓励利废企业开展清洁生产审核，严格执行污染物排放标准，完善环境保护措施，防止二次污染。

（十四）强化大宗固废规范处置，守住环境底线

加强大宗固废贮存及处置管理，强化主体责任，推动建设符合有关国家标准的贮存设施，实现安全分类存放，杜绝混排混堆。统筹兼顾大宗固废增量消纳和存量治理，加大重点流域和重点区域大宗固废的综合整治力度，健全环保长效监督管理制度。

五、推动大宗固废综合利用创新发展

（十五）创新大宗固废综合利用模式

在煤炭行业推广"煤矸石井下充填＋地面回填"，促进矸石减量；在矿山行业建立"梯级回收＋生态修复＋封存保护"体系，推动绿色矿山建设；在钢铁冶金行业推广"固废不出厂"，加强全量化利用；在建筑建造行业推动建筑垃圾"原地再生＋异地处理"，提高利用效率；在农业领域开展"工农复合"，推动产业协同；针对退役光伏组件、风电机组叶片等新兴产业固废，探索规范回收以及可循环、高值化的再生利用途径；在重点区域推广大宗固废"公铁水联运"的区域协同模式，强化资源配置。因地制宜推动大宗固废多产业、多品种协同利用，形成可复制、可推广的大宗固废综合利用发展新模式。

（十六）创新大宗固废综合利用关键技术

鼓励企业建立技术研发平台，加大关键技术研发投入力度，重点突破源头减量减害与高质综合利用关键核心技术和装备，推动大宗固废利用过程风险控制的关键技术研发。依托国家级创新平台，支持产学研用有机融合，鼓励建设产业技术创新联盟等基础研发平台。加大科技支撑力度，将大宗固废综合利用关键技术、大规模高质综合利用技术研发等纳入国家重点研发计划。适时修订资源综合利用技术政策大纲，强化先进适用技术推广应用与集成示范。

（十七）创新大宗固废协同利用机制

鼓励多产业协同利用，推进大宗固废综合利用产业与上游煤电、钢铁、有色、化工等产业协同发展，与下游建筑、建材、市政、交通、环境治理等产品应用领域深度融合，打通部门间、行业间堵点和痛点。推动跨区域协同利用，建立跨区域、跨部门联动协调机制，推动京津冀协同发展、长江经济带发展、粤港澳大湾区建设、长三角一体化发展、黄河流域生态保护和高质量发展等国家重大战略区域的大宗固废协同处置利用。

（十八）创新大宗固废管理方式

充分利用大数据、互联网等现代化信息技术手段，推动大宗固废产生量大的行业、地区和产业园区建立"互联网＋大宗固废"综合利用信息管理系统，提高大宗固废综合利用信息化管理水平。充分依托已有资源，鼓励社会力量开展大宗固废综合利用交易信息服务，为产废和利废企业提供信息服务，分品种及时发布大宗固废产生单位、产生量、品质及利用情况等，提高资源配置效率，促进大宗固废综合利用率整体提升。

六、实施资源高效利用行动

（十九）骨干企业示范引领行动

在煤矸石、粉煤灰、尾矿（共伴生矿）、冶炼渣、工业副产石膏、建筑垃圾、农作物秸秆等大宗固废综合利用领域，培育 50 家具有较强上下游产业带动能力、掌握核心技术、市场占有率高的综合利用骨干企业。支持骨干企业开展高效、高质、高值大宗固废综合利用示范项目建设，形成可复制、可推广的实施范例，发挥带动引领作用。

（二十）综合利用基地建设行动

聚焦煤炭、电力、冶金、化工等重点产废行业，围绕国家重大战略实施，建设 50 个大宗固废综合利用基地和 50 个工业资源综合利用基地，推广一批大宗固废综合利用先进适用技术装备，不断促进资源利用效率提升。在粮棉主产区，以农业废弃物为重点，建设 50 个工农复合型循环经济示范园区，不断提升农林废弃物综合利用水平。

（二十一）资源综合利用产品推广行动

将推广使用资源综合利用产品纳入节约型机关、绿色学校等绿色生活创建行动。加大政府绿色采购力度，鼓励党政机关和学校、医院等公共机构优先采购秸秆环保板材等资源综合利用产品，发挥公共机构示范作用。鼓励绿色建筑使用以煤矸石、粉煤灰、工业副产石膏、建筑垃圾等大宗固废为原料的新型墙体材料、装饰装修材料。结合乡村建设行动，引导在乡村公共基础设施建设中使用新型墙体材料。

（二十二）大宗固废系统治理能力提升行动

加快完善大宗固废综合利用标准体系，推动上下游产业间标准衔接。加强大宗固废综合利用行业统计能力建设，明确统计口径、统计标准和统计方法，提高统计的及时性和准确性。鼓励企业积极开展工业固体废物资源综合利用评价，不断健全评价机制，加强评价机构能力建设，规范评价机构运行管理，积极推动评价结果采信，引导企业提高资源综合利用产品质量。

七、保障措施

（二十三）加强组织协调

各地发展改革部门要会同科技、工业和信息化、财政、自然资源、生态环境、住房城乡建设、农业农村、市场监管、机关事务管理等部门，切实履行职责，按照职能分工，建立责任明确、协调有序、监管有力的工作协调机制，强化政策联动，统筹推动本地区大宗固废综合利用工作。各地应对本地区政策执行情况和产业发展情况进行跟踪评估，每年定期上报本地区大宗固废综合利用情况。

（二十四）强化法治保障

积极推动资源综合利用立法，研究制定建筑垃圾、农作物秸秆等大宗固废综合利用管理办法，鼓励地方制定大宗固废综合利用法规。强化执法监管，发挥好生态环境、市场监管、自然资源等部门职能，严格执行固体废物污染防治相关法规，形成综合监管执法合力，对相关违法违规主体和行为加大处罚力度。

（二十五）完善支持政策

继续落实增值税、所得税、环境保护税等优惠政策。鼓励绿色信贷，支持大宗固废综合利用企业发放绿色债券。鼓励地方支持资源综合利用产业发展。完善市场准入制度，加强事中事后监管，营造公平竞争市场环境，有效增强资源综合利用产业投资吸引力，引导社会资本加大大宗固废综合利用投入，不断探索依靠市场机制推动大宗固废综合利用的路径和模式。

（二十六）加强宣传推广

组织开展形式多样的宣传活动，通过传统新闻媒体和新媒体等多种途径宣传普及大宗固废综合利用有关知识，提高全民节约资源和保护环境的意识。充分发挥各有关部门、行业协会指导作用，宣传大宗固废综合利用典型案例，推广典型经验，激发社会投资动力和活力，营造全社会积极参与的良好氛围。

参 考 文 献

［1］ 工业和信息化部.《工业副产石膏综合利用指导意见》，2011.

［2］ 国务院办公厅.《"十三五"国家战略性新兴产业发展规划》，2016.

［3］ 国务院办公厅.《"无废城市"建设试点工作方案》，2018.

［4］ 贵州省人民政府.《关于加快磷石膏资源综合利用的意见》，2018.

［5］ 生态环境部.《长江"三磷"专项排查整治行动实施方案》，2019.

［6］ 工业和信息化部，科技部，自然资源部.《"十四五"原材料工业发展规划》，2021.

［7］ 国家发展和改革委员会办公厅，工业和信息化部办公厅.《推进大宗固体废弃物综合利用产业集聚发展》，2019.

［8］ 国家发展和改革委员会办公厅.《开展大宗固体废弃物综合利用示范》，2021.

［9］ 国家发展和改革委员会.《关于"十四五"大宗固体废弃物综合利用的指导意见》，2021.

［10］ 国家发展和改革委员会.《"十四五"循环经济发展规划》，2021.

［11］ 工业和信息化部.《"十四五"工业绿色发展规划》，2021.

［12］ 生态环境部，国家发展和改革委员会，工业和信息化部，等.《"十四五"时期"无废城市"建设工作方案》，2021.

［13］ 工业和信息化部，国家发展和改革委员会，科学技术部，等.《关于加快推动工业资源综合利用的实施方案》，2022.

［14］ 工业和信息化部，国家发展和改革委员会，科学技术部，等.《关于"十四五"推动石化化工行业高质量发展的指导意见》，2022.

［15］ 湖北省人民代表大会常务委员会.《湖北省磷石膏污染防治条例》，2022.

［16］ 云南省生态环境厅.《云南省工业固体废物和重金属污染防治"十四五"规划》，2022.

［17］ 昆明市人民政府办公室.《加快推动磷石膏综合利用二十条措施》，2022.

［18］ 云南省住房和城乡建设厅，云南省发展和改革委员会，云南省工业和信息化厅，等.《云南省磷建筑石膏建材产品推广应用工作方案》，2023.

［19］ 安徽省经济和信息化厅.《磷石膏等工业副产石膏综合利用技术工艺及应用案例》，2022.

［20］ 云南省人民代表大会常务委员会.《云南省固体废物污染环境防治条例》，2023.

［21］ 高卫民，冉景，朱巧红.我国磷石膏资源化利用政策解读及研究进展刍议［J］.化工矿物与加工，2022，51（7）：48-53.

［22］ 中国再生资源产业技术创新战略联盟.2022 年我国固废资源化利用行业要闻要事述评［N］.2023-01-29.

［23］华经产业研究院.《2023 年中国工业固体废物综合利用行业市场研究报告》，2023.

［24］王炜，刘伯西.我国工业固废处理产业发展的绿色金融支持研究［J］.环境保护前沿，2020，10（4）：521-527.

［25］李宇，刘月明.我国冶金固废大宗利用技术的研究进展及趋势［J］.工程科学学报，2021，43（12）：1713-1724.

［26］市场监管总局，国家发展和改革委员会，工业和信息化部，等.《建立健全碳达峰碳中和标准计量体系实施方案》，2022.

［27］国家发展和改革委员会，国家统计局，生态环境部.《关于建立统一规范的碳排放核算体系实施方案》，2022.

［28］科技部.《科技支撑碳达峰碳中和实施方案（2022—2030 年)》，2022.

［29］工业和信息化部，国家发展和改革委员会，生态环境部.《工业领域碳达峰实施方案》，2022.

［30］工业和信息化部，国家发展和改革委员会，财政部，等.《有色金属行业稳增长工作方案》，2023.

［31］工业和信息化部，人力资源社会保障部，生态环境部，等.《关于推动轻工业高质量发展的指导意见》，2022.

［32］工业和信息化部，国家发展和改革委员会，生态环境部，等.《建材行业碳达峰实施方案》，2022.

［33］浙江省人民代表大会常务委员会.《浙江省固体废物污染环境防治条例》，2022.

［34］北京市城市管理委员会，北京市住房和城乡建设委员会，北京市发展和改革委员会，等.《关于进一步加强建筑垃圾分类处置和资源化综合利用工作的意见》，2022.

［35］四川省发展和改革委员会，四川省经济和信息化厅，四川省生态环境厅，等.《四川省"十四五"固体废物分类处置及资源化利用规划》，2022.

［36］张子豫.工业副产石膏资源化利用的机遇和挑战［N］.中国建材报，2022-03-21.

［37］中国共产党第十九届中央委员会.《中共中央关于制定国民经济和社会发展第十四个五年规划和二〇三五年远景目标的建议》，2020.

［38］刘林程，左海滨，徐志强.工业石膏的资源化利用途径与展望［J］.无机盐工业，2021，53（10）：1-9.

［39］国家税务总局.《支持绿色发展税费优惠政策指引》，2022.

［40］工业和信息化部.《京津冀及周边地区工业资源综合利用产业协同转型提升计划（2020—2022 年)》，2020.

［41］山西省工业和信息化.《山西省节能与资源综合利用 2021 年行动计划》，2021.

［42］生态环境部，国家发展和改革委员会，公安部，等.《国家危险废物名录（2021 年版)》，2020.

［43］ 国家发展和改革委员会.《关于组织开展绿色产业示范基地建设的通知》，2020.

［44］ 商务部，国家发展和改革委员会，工业和信息化，等.《报废机动车回收管理办法实施细则》，2020.

［45］ 科学技术部，生态环境部，住房和城乡建设部，等.《"十四五"生态环境领域科技创新专项规划》，2022.

［46］ 国家发展和改革委员会，科学技术部.《关于进一步完善市场导向的绿色技术创新体系实施方案（2023—2025 年）》，2022.

［47］ 生态环境部办公厅.《关于推荐先进固体废物和土壤污染防治技术的通知》，2023.

［48］ 工业和信息化部，国家发展和改革委员会，科学技术部，等.《国家工业资源综合利用先进适用工艺技术设备目录（2021 年版）》，2021.

［49］ 工业和信息化部，国家发展和改革委员会，科学技术部，等.《国家工业资源综合利用先进适用工艺技术设备目录（2023 年版）》，2023.

［50］ 国务院办公厅.《"无废城市"建设试点工作方案》，2018.

［51］ 生态环境部办公厅.《"无废城市"建设试点实施方案编制指南》，2019.

［52］ 生态环境部办公厅.《"无废城市"建设指标体系（试行）》，2019.

［53］ 尹连庆，徐铮，孙晶.脱硫石膏品质影响因素及其资源化利用［J］.电力环境保护，2008，24（1）：28-30.

［54］ 李美.磷石膏品质的影响因素及其建材资源化研究［D］.重庆：重庆大学，2012.

［55］ 熊亚，杨义群，李明专，等.磷石膏综合利用研究［J］.资源节约与环保，2018（9）：33-34，37.

［56］ 庞英，杨林，杨敏，等.磷石膏中杂质的存在形态及其分布情况研究［J］.贵州大学学报（自然科学版），2009，26（3）：95-99.

［57］ 刘光成.磷石膏建材化利用的市场瓶颈及对策研究［J］.建材发展导向，2019，17（24）：100-104.

［58］ 郭翠香，石磊，牛冬杰，等.浅谈磷石膏的综合利用［J］.中国资源综合利用，2006，24（2）：29-32.

［59］ 张朝.浅析磷石膏的综合利用［J］.化工技术与开发，2007，36（2）：54-56.

［60］ 彭志辉.磷石膏中杂质影响机理及共建材资源化研究［D］.重庆：重庆大学，2009.

［61］ 李逸晨.石膏行业的发展现状及趋势［J］.硫酸工业，2019（11）：1-7，13.

［62］ 陈友德.水泥预分解窑工艺与耐火材料技术［M］.北京：化学工业出版社，2011：26-30.

［63］ 毛树新.烟气脱硫石膏综合利用［D］.杭州：浙江大学，2005.

［64］ 沈建军.当前火电厂脱硫石膏现状及利用的研究［J］.现代化工，2010，30（S2）：303-305，307.

[65] 洪燕．我国脱硫石膏综合利用分析及建议［J］.中国资源综合利用，2013，31（9）：42-43.

[66] 王磊，杨洋，罗小红．烟气脱硫石膏基本性能研究及应用解析［J］.墙材革新与建筑节能，2017（6）：36-40.

[67] 杨冬蕾，杨再银．我国脱硫石膏的综合利用现状［J］.硫酸工业，2018，288（9）：4-8.

[68] 龙红卫．韶关冶炼厂低浓度烟气两转两吸制酸工艺的研究［D］.长沙：中南大学，2005.

[69] 蒋国民．有色冶炼无酸废水气液硫化资源化治理新工艺研究［D］.长沙：中南大学，2017.

[70] 戴慧敏．污酸中和渣制备高性能建筑胶凝材料的研究［J］.湖南有色金属，2017，33（2）：48-51，72.

[71] 付强强，沈彦辉，陈宏坤，等．磷石膏综合利用现状及建议［J］.磷肥与复肥，2020，35（8）：44-46.

[72] 杨志明，邱树恒，牛存涛，等．用电石渣试制建筑石膏的研究［J］.河南建材，2008（1）：29-30.

[73] 赵文龄，马进德．石膏废渣组成、煅烧温度与活性研究［J］.硅酸盐建筑制品，1989（6）：16-19，46.

[74] 杨新月，姜志华，肖传华．脱硫石膏与柠檬酸渣在水泥生产中的应用比较［J］.居业，2022（5）：182-184.

[75] 陈冀渝．用微细活性材料造粒生产高强水泥效果好［J］.建材工业信息，2002（3）：15.

[76] 刘欢，陈德玉，牛云辉，等．利用固硫灰制备混凝土膨胀剂试验［J］.西南科技大学学报，2011，26（3）：32-36.

[77] 蔡强．含磷固废在水泥和建材中的应用研究［D］.合肥：安徽理工大学，2020.

[78] 李勇，徐媛，祝星，等．含砷石膏渣水泥固化/稳定化：预煅烧影响和砷固化机理（英文）［J］.过程工程学报，2018，18（S1）：111-121.

[79] 李鹏，王立坤，孟秋燕．α-半水石膏对水泥砂浆性能的影响与水化机理研究［J］.无机盐工业，2023，55（3）：98-103.

[80] 张敏，王红，陈马聪，等．磷石膏煅烧温度及掺量对水泥砂浆力学性能的影响［J］.四川建材，2022，48（11）：1-2.

[81] 霍利强．石膏对水泥基自流平砂浆性能影响的研究［J］.新型建筑材料，2016，43（2）：81-84.

[82] 邱贤荣，汪澜，齐砚勇．石膏矿渣水泥早期水化机理的研究［C］//中国建筑材料联合会

石膏建材分会，《石膏建材》编辑部，2014：267-272.

［83］李书琴，刘利军，阮启坊．石膏-矿渣胶结材料的水化机理研究［J］．硅酸盐通报，
2011，30（1）：230-233.

［84］Michalovicz L, Müller M L, Tormena C A, et al. Soil chemical attributes, nutrient uptake and
yield of no-till crops as affected by phosphogypsum doses and parceling in southern Brazil［J］.
Archives of Agronomy and Soil Science, 2019, 65（3）：385-399.

［85］冯元琪．利用磷石膏［J］．中国石油和化工，2000（2）：56-59.

［86］肖厚军，王正银，何佳芳，等．磷石膏改良强酸性黄壤的效应研究［J］．水土保持学
报，2008，22（6）：62-66.

［87］Khalifa N, Yousef L F. A short report on changes of quality indicators for a sandy textured soil
after treatment with biochar produced from fronds of date palm［J］. Energy Procedia, 2015, 7
（729）：960-965.

［88］田键，苑跃辉，黄志林，等．磷石膏的综合利用现状及建议［J］．建材世界，2018，39
（4）：38-40，51.

［89］边成利，时焕岗，包文运，等．脱硫石膏热处理制备注浆成型模具［J］．无机盐工业，
2020，52（2）：54-57.

［90］李亮．利用脱硫石膏制备发泡轻质材料的研究［J］．无机盐工业，2018，50（11）：
49-52.

［91］娄有信，杨子，徐惠国．高强脱硫石膏砌块的制备及微观结构研究［J］．辽宁师范大学
学报（自然科学版），2019，42（1）：83-87.

［92］蒲灵，田犀，陈钢．硫酸法钛白粉生产中固体废弃物处置的研究［J］．中国有色冶金，
2009（2）：46-48.

［93］张雨露，许德华，杨秀山．硫酸法钛白粉副产钛石膏的综合利用［C］//中国环境科学学
会．2020中国环境科学学会科学技术年会论文集（第二卷）．《中国学术期刊（光盘
版）》电子杂志社有限公司，2020：1200-1204.

［94］曹志成，孙体昌，薛逊，等．铜渣转底炉直接还原磁选与熔分工艺比较［J］．中南大学
学报（自然科学版），2017，48（10）：2565-2571.

［95］张玲玲．铜冶炼副产品石膏的综合利用研究［J］．铜业工程，2015（5）：46-47，52.

［96］谭聪，肖筱瑜，孙伟，等．铜冶炼污泥中砷的固化/稳定化处理［J］．矿产与地质，
2020，34（3）：579-582，589.

［97］Gan Q. A case study of microwave processing of metal hydroxide sediment sludge from printed
circuit board manufacturing wash water［J］. Waste Management, 2000, 20：695-701.

［98］李天鸣．工业固体废物固化处理技术探讨［J］．石油化工安全环保技术，2011，27
（5）：41-44，58，69.

［99］刘少文，张茜，吴元欣，等．热分析在磷石膏制酸反应研究中的应用［J］．化工进展，2008（5）：761-764，785.

［100］岳阳．典型重金属类危险废物高温协同处置工艺优化及其污染控制［D］．上海：上海大学，2019.

［101］Zhang T F, Liu W, Han J W, et al. Selective separation of calcium from zinc-rich neutralization sludge by sulfidation roasting and HCl leaching［J］. Separation and Purification Technology, 2021, 259：118064.

［102］敖勇，张彩朗，张元刚．工业性生产情景下回转窑水泥生产资源化利用冶金烟气脱硫石膏的环境影响研究［J］．建材发展导向，2023，21（4）：8-11.

［103］潘祖超，焦芬，覃文庆，等．烟气脱硫石膏与冶炼行业石膏渣综合利用研究进展［J］．中国有色金属学报，2022，32（5）：1391-1402.